中国科协三峡科技出版资助计划

碳排放规律与经济发展路径研究

白万平 著

中国科学技术出版社
·北京·

图书在版编目（CIP）数据

碳排放规律与经济发展路径研究/白万平著. —北京：中国科学技术出版社，2015.10

（中国科协三峡科技出版资助丛书）

ISBN 978-7-5046-6991-9

Ⅰ. ①碳… Ⅱ. ①白… Ⅲ. ①二氧化碳—排气—研究—中国 Ⅳ. ①X511

中国版本图书馆CIP数据核字（2015）第230103号

总 策 划	沈爱民 林初学 刘兴平 孙志禹	责任编辑	韩 颖
项目策划	杨书宣 赵崇海	责任校对	刘洪岩
出 版 人	秦德继	印刷监制	李春利
编辑组组长	吕建华 赵 晖	责任印制	张建农

出 版	中国科学技术出版社
发 行	科学普及出版社发行部
地 址	北京市海淀区中关村南大街16号
邮 编	100081
发行电话	010-62103130
传 真	010-62103166
网 址	http://www.cspbooks.com.cn
开 本	787mm×1092mm 1/16
字 数	180千字
印 张	9
版 次	2015年10月第1版
印 次	2015年10月第1次印刷
印 刷	北京盛通印刷股份有限公司
书 号	ISBN 978-7-5046-6991-9/X·126
定 价	40.00元

（凡购买本社图书，如有缺页、倒页、脱页者，本社发行部负责调换）

总　序

　　科技是人类智慧的伟大结晶，创新是文明进步的不竭动力。当今世界，科技日益深入影响经济社会发展和人们日常生活，科技创新发展水平深刻反映着一个国家的综合国力和核心竞争力。面对新形势、新要求，我们必须牢牢把握新的科技革命和产业变革机遇，大力实施科教兴国战略和人才强国战略，全面提高自主创新能力。

　　科技著作是科研成果和自主创新能力的重要体现形式。纵观世界科技发展历史，高水平学术论著的出版常常成为科技进步和科技创新的重要里程碑。1543年，哥白尼的《天体运行论》在他逝世前夕出版，标志着人类在宇宙认识论上的一次革命，新的科学思想得以传遍欧洲，科学革命的序幕由此拉开。1687年，牛顿的代表作《自然哲学的数学原理》问世，在物理学、数学、天文学和哲学等领域产生巨大影响，标志着牛顿力学三大定律和万有引力定律的诞生。1789年，拉瓦锡出版了他的划时代名著《化学纲要》，为使化学确立为一门真正独立的学科奠定了基础，标志着化学新纪元的开端。1873年，麦克斯韦出版的《论电和磁》标志着电磁场理论的创立，该理论将电学、磁学、光学统一起来，成为19世纪物理学发展的最光辉成果。

　　这些伟大的学术论著凝聚着科学巨匠们的伟大科学思想，标志着不同时代科学技术的革命性进展，成为支撑相应学科发展宽厚、坚实的奠基石。放眼全球，科技论著的出版数量和质量，集中体现了各国科技工作者的原始创新能力，一个国家但凡拥有强大的自主创新能力，无一例外也反映到其出版的科技论著数量、质量和影响力上。出版高水平、高质量的学术著作，成为科技工作者的奋斗目标和出版工作者的不懈追求。

中国科学技术协会是中国科技工作者的群众组织，是党和政府联系科技工作者的桥梁和纽带，在组织开展学术交流、科学普及、人才举荐、决策咨询等方面，具有独特的学科智力优势和组织网络优势。中国长江三峡集团公司是中国特大型国有独资企业，是推动我国经济发展、社会进步、民生改善、科技创新和国家安全的重要力量。2011年12月，中国科学技术协会和中国长江三峡集团公司签订战略合作协议，联合设立"中国科协三峡科技出版资助计划"，资助全国从事基础研究、应用基础研究或技术开发、改造和产品研发的科技工作者出版高水平的科技学术著作，并向45岁以下青年科技工作者、中国青年科技奖获得者和全国百篇优秀博士论文获得者倾斜，重点资助科技人员出版首部学术专著。

由衷地希望，"中国科协三峡科技出版资助计划"的实施，对更好地聚集原创科研成果，推动国家科技创新和学科发展，促进科技工作者学术成长，繁荣科技出版，打造中国科学技术出版社学术出版品牌，产生积极的、重要的作用。

是为序。

作者简介

白万平，重庆市万盛区人，经济学博士，贵州财经大学教授，硕士研究生导师，中国数量经济学会常务理事，贵州省数量经济学会副理事长兼秘书长，贵州统计应用研究院院长。大学毕业后到贵州财经大学任教，其间，先后在中南财经大学、厦门大学、美国 Hope International University、西南财经大学学习访问。长期从事数量经济学、统计学应用研究和教学，主持各类项目20余项，出版专著1部，发表论文30余篇，主研项目曾获省部级科技进步奖、哲学社会科学奖。近年来致力于数量经济学在欠发达地区经济发展研究中的传播、应用和发展。

序 言

改革开放后,中国经济以9%以上的速度持续增长,经济总量快递膨胀,创造了经济发展的中国奇迹。根据世界银行核算结果,2010年中国经济总量达到5.93万亿美元,超过日本当年的5.5万亿美元,已跃居全球第二,到2013年达到9.24万亿美元,是日本的1.88倍,美国的55.1%。但在经济总量快速扩大的同时,能源消费总量、碳排放量也在快速增长,据BP石油公司统计,2008年,我国碳排放量已超过美国,成为全球最大的排放国,2010年初次能源消费量超过美国,位列全球之首,到2013年,中国的初次能源消费是美国的1.26倍、日本的6倍,碳排放量已经是美国的1.6倍、日本的6.8倍。以过度消费化石能源、牺牲资源环境换取高速经济增长的粗放式发展痕迹依然浓重。在此背景下,研究碳排放规律和经济发展路径不仅有重要的理论价值,也有十分重要的现实意义。

白万平教授以开阔的视野,选择全球气候变化与碳排放的关系为切入点,采用前沿的计量经济学因果关系研究方法,从定量分析的角度检验气候变化与碳排放的关系。通过追溯工业化以来各国碳排放的足迹,总结归纳工业化过程中的碳排放规律,一方面为发展中国家争取排放空间,另一方面为探索合理的经济发展现实路径奠定基础。进而提出发展路径的理论模型,得出不同的经济发展路径,从发达国家和发展中国家选择样本,检验理论分解路径的存在性和合理性。针对发展路径转变中能源强度下降这一关键因素,利用前沿的完全因子分解模型,选择节能潜力较大的欠发达地区为分解对象,寻找出重要的影响因子。在分析我国能源消费面临的严峻态势后,提出在已有调控政策和措施的基础上,需要根据碳排放规律和不同地区所处的工业化阶段，进一步加强控制能源消费总量，结合情景测算法和倒逼机制，将总量分解到各地区，为控制我国能源消费总量提供决策参考。

本书具有较强的实践性、应用性和理论性，是少有的系统且全面的研究碳排放规律和经济发展路径的著作。深信著作的出版将对数量经济学、发展经济学和相关专业的发展带来一定的影响。时值"十二五"收官之际，我们欣喜地看到，"十二五"以来，国家全方位加大转变经济发展方式的力度，经济发展出现以经济增长速度不断下调、经济结构不断优化、经济增长动力多元化为特征的"新常态"，经济发展正在向可持续的方向转变。出现的趋势与作者研究的理想发展路径高度契合，已经彰显出本书的理论和实际价值。

中国数量经济学会原理事长
中国社会科学院学部委员

汪同三

2015 年 2 月 16 日

前　言

　　本书以作者的博士论文为基础，在理论和规范研究中力求全面介绍有关研究发展前沿，在经验和实证研究中尽量选择对中国有现实意义的典型和样本，旨在为发展中国家和地区进一步把握碳排放规律，争取发展空间，选择合适的发展路径提供借鉴。全书共分8章。第1章导论，提出研究的主要问题、背景、思路、重点和全书各部分的逻辑关系和结构。第2章是对全球气温变化与碳排放关系的分析。梳理统计因果关系检验的最新理论进展，并用时间序列、面板数据等多种统计因果关系检验方法分析碳排放和气温变化之间的关系，得出重要结论。第3章研究碳排放规律。从已经完成工业化的5个发展中国家碳排放过程中总结规律，选择4个发展中国国家进行比较，预测中国碳排放峰值。第4章研究经济发展路径的理论分解方法。从资源环境约束的角度，在归纳发达国家在工业化不同阶段发展路径基础上，提出理论上的经济发展路径的分类方法。第5章是经济发展路径的经验分析。分别选择8个发达国家和发展中国家，检验各种理论路径的存在性，筛选出不同发展阶段的可行路径。第6章是能源强度下降的因子分解。对发展路径中能源强度这一关键性因素，采用完全因子分解模型，实证分解出欠发达地区影响能源强度下降的主要因子。第7章探讨中国控制能源消费总量的方法。根据碳排放规律和工业化的阶段性特征，提出分解能源消费总量的方法，并用于中国能源消费总量的区域分解，为控制能源消费总量提供决策参考。第8章得出主要结论，指出可以进一步深入研究的方向。

　　在本书的写作过程中，得到作者的博士生导师黎实教授的悉心指导，获得了西南财经大学统计学院庞皓教授、史代敏教授、谢小燕教授、李南成教授等老师和在一起学习的众多同学的大力帮助，得到了家人和贵州财经大学的支持，在此表示感谢！

书稿完成后，经贵州省科协推荐，中国科协组织专家进行评选，最终获得中国科协三峡科技出版资助计划资助，在此，衷心感谢贵州省科协、中国科协和三峡集团。

尽管本书从酝酿、研究、撰写到修改已经历了较长时间，也力图将作者近年来的研究成果与读者共享，但由于水平有限，书中难免挂一漏万。希望各位专家、学界同仁和读者提出宝贵意见，以便进一步完善。

白万平

2015年2月20日

目 录

总 序

序 言

前 言

第1章 导论 ·· 1

    1.1 研究的问题、意义和背景 ··· 1

    1.2 研究的思路、结构和主要创新 ··· 6

    1.3 研究的不足之处 ·· 9

第2章 碳排放增加与气温变化关系分析 ································ 10

    2.1 问题的提出和研究现状 ·· 10

    2.2 全球碳排放与气温非面板因果关系检验 ···························· 19

    2.3 碳排放与气温面板数据因果关系检验 ······························· 26

    2.4 小结 ·· 30

    参考文献 ·· 32

第3章 经济发展中的碳排放规律 ··· 36

    3.1 问题的提出与研究现状 ·· 36

    3.2 全球碳排放规律 ·· 37

    3.3 主要发达国家碳排放规律 ·· 40

    3.4 发展中国家碳排放曲线 ·· 44

    3.5 发达国家碳排放规律对中国的启示 ··································· 48

    3.6 小结 ·· 50

    参考文献 ·· 50

第 4 章　经济发展路径的理论分解 ························· 52
4.1　问题的提出与研究现状 ································· 52
4.2　3E 系统演变与英国经济发展路径 ······················ 54
4.3　经济发展方式路径的理论分解 ·························· 62
4.4　小结 ·· 65
参考文献 ··· 66

第 5 章　经济发展路径的经验研究 ························· 69
5.1　发达国家经济发展路径检验 ····························· 69
5.2　发展中国家经济发展路径检验 ·························· 75
5.3　经济发展路径分解对中国的启示 ······················· 82
5.4　小结 ·· 83

第 6 章　能源强度下降因素分解 ···························· 87
6.1　问题的提出与研究现状 ································· 87
6.2　能源强度变化完全因子分解模型 ······················· 90
6.3　能源强度变化因素分解的实证研究 ···················· 91
6.4　小结 ·· 99
参考文献 ··· 99

第 7 章　能源消费总量控制研究 ··························· 102
7.1　问题的提出与研究现状 ································ 102
7.2　"十二五"期间中国能源消费总量的测算与分解 ······ 105
7.3　能源消费结构和缺口分析 ······························ 112
7.4　控制能源消费的政策建议 ······························ 117
7.5　小结 ··· 120
参考文献 ·· 121

第 8 章　结论和展望 ·· 122
8.1　研究结论 ·· 122
8.2　研究展望 ·· 124

索　引 ··· 126

第1章 导 论

1.1 研究的问题、意义和背景

2010年,中国成为第一大能源消费国后,其能源消费问题越发引起国际社会的普遍关注。此前,中国政府在2009年全球气候变化大会上做出减排承诺,使中国成为首个做出承诺的发展中国家,显示了一个负责任大国的态度。但是,对于刚刚步入工业化中期、正在转变经济发展方式、需要又好又快发展的中国而言,承诺意味着未来发展面临生态环境和能源资源的双重约束下能否保持较快增长的压力和考验。然而,碳排放增加真的是气温升高的原因吗?如何检验,工业化进程中碳排放是否有规可循,经济发展的路径都有哪些类型,理论和现实的对应关系怎样,其中的关键因素的影响因子又是什么,不同经济发展路径下如何控制能源消费等一系列需要在理论上澄清、在现实中解决的问题,亟待采用科学的方法进行深入的研究,得出可信的结果。由此得出的研究结果不仅可以丰富经济学的理论方法,还将为科学决策提供有价值的参考依据。

1.1.1 研究的问题

气候变化是一个复杂问题,特别是自工业革命以来对全球气温变化归因的观点可谓众所纷纭,归并起来,主要有"因果论"和"无因果论"两种对立的观点,进而演化为政治上的"灾难论"和"阴谋论"[①]。由西欧国家主导的、IPCC科学家提出的"因果论"观点认为,碳排放导致全球温度升高,要阻止气温升高,需要各国减少碳排放。但对于该问题,在科学界还存在着另一种截然不同的观点,即两者之间无因果关系,简称"无因果论"。对于两种观点,国内外都不乏支持者,令人费解的是,国内外学者特别是经济学者几乎都未能从数据中寻找两者的统计因果关系,提供有说服力的

---

① 郎咸平等学者即持"阴谋论"的观点。

科学证据。有鉴于此，我们在分析两种不同观点的基础上，首先从碳排放增加与气温变化之间的统计因果关系入手，运用统计因果关系检验的多种方法，包括非面板和面板数据变量因果检验方法，较为系统地研究两者之间的统计因果关系，期望发现科学证据，弥补国内外学者对该问题研究中存在的空缺。

显然，碳排放的猛增是由工业化推进过程中大量消费化石能源引起，工业化又促进了新能源的发现、能源产业的发展，新能源为工业化提供新的动力。碳排放量与工业化进程密切相关，已经完成工业化的发达国家在工业化不同阶段的碳排放特征存在可循的路径，在非化石能源占比增加的条件下，发展中国家的碳排放既存在路径依赖，又有新的特点，两类不同处在不同发展阶段的国家在工业化进程中的碳排放非线性变化规律，成为研究中的第二个重点问题。

经济发展是人类进步永恒的主题，在能源消费和碳排放约束下，经济发展可以有不同的路径选择。国内外经济学家从两个方面探索过发展路径问题：第一，从内生增长理论中探讨碳排放和能源消费约束下的最优平衡增长路径，但仅限于理论研究的层面；第二，经济史学家从历史角度研究中外不同的发展路径，但只是限于定性研究的层面。那么，能否以现代经济学中的增长理论为基础，导出在能源、碳排放约束下的理论路径，并进行经验检验，为中国不同地区转变经济发展方式提供路径参考？对该问题的研究成为本书的第三个重点问题。

工业化的不可逾越性决定了能源强度在经济发展路径中重要性。能源强度不仅是反映能源利用效率、产业结构调整的重要变量，还是中国自"十一五"以来严格控制的刚性指标，其升降受那些重要因素的影响？采用何种方法刻画这些因素影响的方向和大小？这些问题构成本书研究的又一个重要问题。

针对"十二五"规划中只对能源消费强度和结构有设定控制目标，但未对总量设置控制规划的实际，以及中央确定的经济发展目标和地方经济发展目标之间存在的差异，我们认为，"十二五"期间，能源消费总量和强度、结构一样，都应该是控制的对象，需要研究将总控制量合理分配到各地区的方法，由此构成重点研究的最后一个问题。

1.1.2 研究意义

如果说工业化是经济发展不可逾越的阶段，那么，碳排放量、能源消费量的实质就是一个国家和地区的发展权问题。在碳排放与气温变化"因果论"（"灾难论"）与"非因果论"（"阴谋论"）对立的态势下，国内学者很少发表对碳排放与气温变化关系的学术观点、提供量化证据。对于这种状况，我们采用近年来发展起来的面板和非面板 Granger 因果检验系列方法进行深入研究，有助于在认识上澄清两者之间的关系，拓宽统计因果关系检验的范围，为后续研究打下基础。

在碳排放与气温变化关系研究的基础上，探索工业化过程不同阶段的碳排放规律，一方面，有助于为发展中国家争取排放空间，使中国工业化过程有足够的能源动力支持，在国际事务中承担应该承担的、力所能及的责任；另一方面，有助于为中国处在不同发展阶段的地区转变发展方式提供启示和借鉴。

在碳排放和化石能源约束下，要转变经济发展方式，一个重要的问题就是选择合适的经济发展路径。从能源、生态环境和经济系统联系的视角，以内生经济增长理论为基础，追溯已经完成工业化过程国家的发展路径，提炼出经济发展路径的分解模型，对发展路径作出科学分类。以发达国家和发展中国家的经济发展过程验证其科学性和适用性，这样的研究不仅可以在理论上填补经济发展方式路径分类的空缺，也能为中国不同发展阶段的区域选择经济发展路径提供重要参考。

能源强度下降是经济发展路径中的重要环节，其实质是通过提高能源利用效率、控制和降低能源消费量，实现经济较快发展。在影响能源强度下降的众多因素中，选择适宜的影响因子，以恰当的方法分解，将理论结果用于西部欠发达的贵州，分解出影响能源强度下降的主要因素及其作用大小和方向，其结果能使西部其他地区抓住影响能源强度下降的主要因素，引导欠发达地区经济向科学的发展路径转变。

"十二五"期间，中国经济继续保持增长态势，各地区经济发展目标高出国家制定的目标，地方与地方、地方与中央在能源与碳排放问题上的博弈已经成为现实。要转变经济发展方式，走可持续发展之路，需要同时控制能源消费总量、降低强度、改善结构。在本书中，建立了情景预测和倒逼机制相结合的方法，计算出各地区的理论能源消费量和节能量，有助于为各级政府控制能源消费总量提供可操作的分解方法。

1.1.3 研究背景

2009年12月，联合国哥本哈根气候变化大会无果而终，全球气候变化可能导致人类生存环境恶化的现实使以美国为代表的伞形国家、欧盟、基础四国和G77国集团[①]等不同利益主体间的博弈趋于白热化。随着"京都议定书"第一个承诺期结束时间的临近，2011年12月在南非德班召开的气候变化大会经过延期两天、马拉松式的谈判，才达成两个约束力不强的协议：第一，194个与会国家一致同意再延长5年《京都议定书》法律效力，即议定书附件1中主要由发达国家构成的缔约方从2013年开始执行第二个承诺期，并在2012年5月1日前提出量化减排承诺；第二，设立"绿色气候基金"，发达国家每年提供至少1000亿美元，帮助发展中国家适应气候变化。但会议刚结束，加拿大即步美国后尘，成为第二个宣布不执行减排协定的国家，两个北美发达

---

① 伞形国家是指欧盟之外的发达国家，包括美国、日本、澳大利亚、新西兰等；基础四国指中国、印度、巴西和南非；G77国集团成立于1964年，主要由小岛国家和最不发达国家组成，详见http://www.g77.org/。

国家退出协定,值得深思。2013年11月,华沙会议经过艰难谈判,最终就德班平台决议、气候资金和损失损害补偿机制等焦点议题签署了协议。但日本、澳大利亚明显推卸减排责任,与加拿大、美国一起被认为是减排问题上的"肮脏四国"。我们知道,世界气候变化组织提供证据所形成的观点是,人类为了追求经济增长目标,过度消耗能源造成的污染排放增量和存量与日俱增,仅仅依靠地球和大气环境自身难以降解,大气中以二氧化碳为主的温室气体浓度提高,将可能直接导致地球温度升高、海平面上升、环境恶化,这种观点被称作碳排放与气候变化的"因果论"或"灾难论"。与此相悖的观点认为,气温变化有其自身的规律,与人类活动产生的温室气体(主要是碳排放)之间没有因果关系,过度渲染气候灾难只不过是某些利益集团的阴谋,这也被称为"无关论"或"阴谋论"。在气候变化大会上各利益集团的表现实质上反映了不同经济主体间的利益博弈。那么,两者之间到底是什么关系,能否用现代计量经济学的研究成果对其检验,碳排放究竟有怎样的规律,经济发展的理论路径都有哪些,碳强度下降受哪些主要因素影响,应该如何控制能源消费等一系列问题都亟待从新的视角深入探讨。

自改革开放以来,中国经济持续快速增长,所创造的经济发展奇迹举世瞩目,2010年,中国已经成为世界上第二大经济体,但在经济快速发展的同时,也成为最大的能源消费国和温室气体排放国,中国的能源消费控制问题已经成为中国目前和今后能否实现社会经济绿色可持续发展的关键要素之一。"十二五"开局之后,中央要求各地在科学发展观指导下,切实转变经济发展方式、适当放缓增长速度、科学合理制定"十二五"和中长期发展目标。从2011年公布的规划目标看,各省(市、区)设定的经济增长目标在8%~15%(见图1.1),难以避免地展开了新一轮GDP

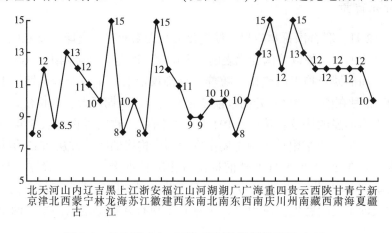

图1.1 各地区"十二五"规划经济增长目标(%)

资料来源:http://cn.chinagate.cn/reports/node_ 2364474_ 2.htm。

竞赛。贵州等9个省市区都提出力争地区生产总值5年翻番，即年增长近15%的高目标，最低的北京、上海等地也达到了8%，各地规划目标总体上呈现"西高东低"态势。在2011年3月第十一届全国人民代表大会第四次会议政府工作报告中提出"十二五"期间中国年均经济增长7%，单位GDP能耗和二氧化碳排放分别降低16%和17%[①]，显然各地经济增长目标都明显高于中央的目标，对经济增长存在较高的预期。

相比之下，地方政府对能源和碳排放的目标设定并不主动，少有具体的减排控制目标。尽管"十一五"期间能源强度五年累计下降19.1%，基本得到控制，但过快的经济增长使能源消费总量超过预期，局部生态环境恶化、地质灾害和极端天气频发，自然地人们会将这些后果联系到能源消费以及碳排放。总体上讲，中国经济发展方式未见实质性转变，经济还调整到最适宜的路径上发展。2010年中国经济总量世界第二、能源消耗总量世界第一，已经突破33亿吨标准煤，二氧化碳排放量超过65亿吨，在排放的二氧化碳中95%左右是由化石能源消费活动产生。照此趋势，在可以预见的技术条件和能源消耗结构下，能否同时实现到2020年碳强度比2005年下降40%~45%和经济增长的高目标，将面临严峻考验。由于能源结构决定着碳排放量，因此，能否实现两大目标，关键在于各地区能否选择合适的发展路径，控制能源消费特别是化石能源强度、结构和总量。在2011年政府工作报告中还指出，"十二五"期间，非化石能源占一次能源消费比重提高到11.4%。按规划要求，到2020年，非化石能源消费比重提高到15%，能源强度比2005年下降50%左右。这些目标都表明中国未来十年发展将经受能源约束的考验。令人欣喜的是，经过几年发展，中国经济已经进入"新常态"，经济发展的速度、结构和动力正在朝着可持续的预期方向变化，新常态派生新机遇，新常态下中国经济增长可能会更趋平稳，增长动力将更为多元，发展前景将更加稳定。

无论是在国际气候变化组织成员国大部分国家希望节能减排与部分国家拒绝减排，还是在国内中央和地方在经济增长和节能减排问题上一冷一热两种不同的积极性，都折射出不同利益主体在气候变化问题上的认识差异。这也说明，无论是学界、各国各级政府、还是企业或个人在碳排放与气温变化问题都需要加强认知。

地方政府和企业为实现中央设置的能源控制目标所做出的应对在"十一五"期间后半期表现得较为充分，特别是2010年，各地区采取了如拉闸限电、城市停止供暖等极端手段以实现能源强度下降目标，即便如此，就全国而言，能源强度并未下降20%，而能源消费总量则大大超出预期的30亿吨标准煤的高限。在经济发展方式转变的道路上，粗放型增长痕迹仍然严重，反映出对工业化不同阶段碳排放规律把握仍然不够，对经济发展路径认识仍然不充分。

---

① 中央政府门户网站 http://www.gov.cn. 2011.3.15.

工业化以来发达国家的经济发展过程为我们提供了重要的启示和借鉴。发达国家和发展中国家都经历过或正在经历某种发展路径，从现实和发展的角度，中国转变经济发展方式需要的不仅是在理论上存在的理想发展路径，更重要的是需要证实在各国经济发展实践中有对应性，这样的理论才有生命力，才能更好地指导经济发展方式转变的实践。如何将现阶段经济发展路径与能源、生态环境约束结合，在已有经济增长理论基础上，从数量经济学的角度探讨经济发展的不同路径，值得我们深入研究。

实现经济又好又快地发展，在一定程度上都集中体现在能源强度下降幅度上。能源强度下降有众多影响因子，需要找准其中的关键因素。现有成果对发达地区和全国研究比较充分，但对欠发达地区研究较少，没有对贵州能源强度下降因子分解的研究成果。贵州作为全国的能源基地，能源强度一直较高，客观上需要用合适的方法探讨影响其下降的重要因素。

能源消费总量控制是目前中国能源消费控制中最为薄弱也最难驾驭的环节。其中经济体制的转变、发展阶段的滞后和统计制度的缺陷等都是产生该结果的重要原因。正因如此，在中国已有的能源统计数据中，出现了公布的全国能源消费总量数据与全国各地区数据加总的偏离，特别是1995年国家"九五"计划建议中明确将转变经济增长方式作为两个转变之一提出后，地方政府开始意识到能源消费问题的严重性。从"九五"时期的1998年开始，出现各地能源消费量数据加总大于国家统计总和值的现象并持续至今，对此并未引起中央政府有关职能部门的足够重视，包括2011年9月国务院出台的节能减排方案仍然未将能源消费总量列入其中并分解到各地。之所以出现统计上的偏差、能源消费总量控制未列入计划，其中的一个重要原因是学术界对该问题缺乏深入研究，提出决策依据。

碳排放和经济发展路径已经成为事关中国乃至全球发展的重大现实问题，国内学术界对碳排放规律和经济发展路径研究并不充分，相关问题还存在不少学术上的缺失，需要我们从数量经济学的角度重新审视并有所发现。

1.2 研究的思路、结构和主要创新

1.2.1 研究思路

2010年中国能源消费总量跃居全球之首，能源—环境—经济的矛盾日益突出，2020年实现全面小康、兑现中国政府减排承诺的目标期限日益临近，但在工业化过程中的碳排放规律和转变经济发展方式过程中发展路径的若干理论和现实问题上还存在误区和疑惑。对此，本书基于理论和现实的考量，从定量分析的角度对碳排放和发展路径中的若干问题为什么，是什么，怎么样，如何做等方面进行探索。

首先，我们在分析碳排放与气温变化关系的不同观点后，应用近年来发展起来的非面板和面板统计因果关系检验的成果，对碳排放增加是否引起气温升高问题进行检验，试图澄清人们在两者之间关系认识上的误区，为探索碳排放规律和经济发展路径提供基础。长期以来，学术界关于碳排放和气温变化问题存在"因果论"（"灾难论"）和"无因果论"（"阴谋论"）之争，由于碳排放权实质上是经济发展权，是经济活动权益的表现，自然应纳入经济学研究的范畴，但国内学者特别是经济学家很少对其因果关系发表学术观点，即便有发表的观点也未提供定量化的证据。对于国内学者在研究该问题上存在的缺失，我们利用全球1851年以来161年的数据和1910年以来101年20个国家的面板数据，采用多种统计因果检验方法探讨碳排放与气温变化之间的统计因果关系。

其次，采用非参数回归方法，以英国等5个已经完成工业化过程的发达国家为重点研究对象，探索工业化不同阶段碳排放强度、人均碳排放随收入变化的规律，拟合潜在的变化关系。同时研究4个发展中国家的碳排放特征，预测中国人均碳排放峰值、对应的收入水平和时间。

第三，从能源、生态环境和经济发展系统演变的视角，以完成工业化过程的英国为典型分析对象，归纳不同发展阶段的经济发展路径。创建出经济发展路径的结构分解模型，根据模型中各分解项的变动方向，在理论上提出不同的经济发展路径，回答理想经济发展方式"是什么"的问题。进一步分别选择8个发达国家和发展中国家作为样本，验证各种发展路径在现实中的存在性和科学性。为中国不同发展阶段地区选择发展路径提供理论指导和现实参考。

第四，促进能源强度下降是进入工业化中期后经济发展路径上的关键因素。也是反映经济发展方式转变和能源利用效率的核心指标。研究中我们从多种指数分解模型中选择完全因子分解方法，分解出4个重要因子，选取贵州作为西部欠发达地区的代表，定量分析这些因素对能源强度下降的影响方向和大小。

最后，面对"十二五"期间地方政府对经济发展的高企和"十一五"期间能源消费总量失控的现实，我们采用倒逼机制，在能源强度下降指标的硬约束下，设置不同的经济增长情景，测算各地区的理论用能量和节能量。为最终实现能源消费总量、结构和强度的控制、实现绿色发展提供决策依据。

1.2.2 篇目结构

研究内容的篇章安排为：第2章，在分析碳排放与气温变化关系的研究状况以及两种对立的学术观点后，选择全球161年碳排放和气温数据，用非面板方法研究两者之间的统计因果关系。进一步从全球选择20个样本国家101年的数据，利用面板数据因果检验方法，实证检验碳排放与气温变化之间的统计因果关系；第3章，采用非参数回归方法，重点探索已经完成工业化的发达国家碳强度和人均碳排放随收入变化的潜在规律，预测中国人均碳排放的峰值水平和时间区间；第4章，从经济、能源和环境（3E）系统关系演变的角度，通过对英国经济发展历程的典型分析，归纳不同阶段的发展路径，在内生经济增长理论基础上，对经济发展路径做出理论分解，得出不同的经济发展路径；第5章，分别从发展中国家和发达国家中选择样本，验证经济发展路径分类方式的科学性以及同现实的对应关系；第6章，采用完全因子分解法，以贵州为样本，分解出能源强度下降的主要影响因素；第7章，结合情景预测法和倒逼机制，预测中国"十二五"期间能源消费总量控制目标和各地区节能量，分析调整能源结构的途径，提出控制能源消费的建议；第8章，结论和展望。总结本文研究所得出的重要结论，对尚需进一步研究的问题做出展望。各章结构和逻辑关系见图1.2。

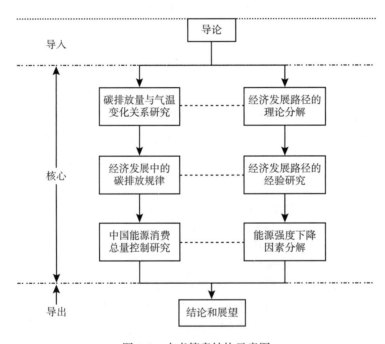

图1.2 本书篇章结构示意图

1.2.3 主要创新点

第一，在碳排放增加与气温升高之间因果关系研究上，收集上百年的数据，分别采用时间序列中的线性与非线性、参数与非参数因果关系检验，面板数据 Granger 因果关系检验方法，探讨碳排放增加与气温升高之间的统计因果关系，得出碳排放是气温变化直接原因之一的结论，弥补了国内外学者在关于两者之间统计因果关系检验上的缺失。同时发现气温变化存在一个滞后期为29年的周期性变动。

第二，重点探讨已完成工业化的发达国家碳强度、人均碳排放随人均收入变化的规律，采用非参数回归估计出两条潜在的碳排放曲线，归纳出相应的变化特征，两条潜在碳排放曲线都在人均收入1万美元处相交，此后，人均碳排放超过碳强度、生活质量提升对化石能源的依赖性增强，该发现对于理性预期中国人均碳排放上升及变化过程具有一定指导作用。

第三，从能源、生态环境和经济系统演变的视角，对经济发展路径做出理论分解，以发达国家和发展中国家的经济发展实践验证理论路径的科学性和现实存在性，找出了经济发展的理想路径，为中国不同地区转变经济发展方式提供现实可行的路径选择。

1.3 研究的不足之处

第一，文中应用了各种统计因果关系检验的现有成果，在方法论上未能做出创造性的研究。特别是面板数据因果关系检验，虽然部分成果已经成熟，但还有部分方法处在发展阶段，在本文的研究过程中，由于各种原因，只应用了现有方法中较为成熟的部分，对尚处在发展阶段的方法未能做出理论上的创新。

第二，对经济发展路径的理论分解，根据现阶段发展的约束条件做出了有较强解释能力、能够较好地与实际对应的分类，虽然在研究中考虑过其他一些重要因素甚至系统联立模型，但由于数据的可得性等原因，最终没有纳入其中。

第三，控制能源消费强度、结构和总量是一个较为困难和复杂的过程。研究中主要考虑宏观调控的指标分解，对国家"十二五"节能减排方案的公平性方面考量不够，同时，对于如何发挥市场机制作用方面虽有所涉及，但不够深入。如能源输入地与输出地之间的能源消费核算问题，国家在"十一五"节能减排方案出台后，经中期评估又进行了调整，说明在初次方案中公平性存在缺陷，"十二五"节能减排方案出台后仍然存在类似问题，对此，未从公平性方面深入探讨。实际上，需要有更为公平的体制机制设计，才能更好地调动双方的积极性，实现整体目标。在发挥市场机制作用方面，核心是价格机制。目前国内能源价格机制还存在如双轨制，对输出地能源价格歧视等，这些问题都是可以深入研究的课题。

第2章 碳排放增加与气温变化关系分析

碳排放与气温变化的关系是一个长期争论的问题，本章在回顾对该问题争论的两种主要观点演变、研究现状以及统计因果检验的发展状况后，分析气象系统与经济系统的相似性，重点尝试采用统计因果关系检验的多种方法，包括非面板和面板数据变量因果检验方法，系统研究两者之间的统计因果关系，得出结论。期望能为进一步探索碳排放规律和经济发展路径提供有价值的依据。

2.1 问题的提出和研究现状

2.1.1 问题的提出

在地球升温与碳排放（二氧化碳在温室气体中大约占70%）增加的关系问题上，理论界一直存在着"因果论"和"非因果论"之争，近年来又被演化成一种政治工具，衍生为"灾难论"和"阴谋论"。2011年12月在南非德班召开的气候变化大会刚结束，加拿大就步美国后尘，成为第二个宣布不执行减排协定的国家。2013年11月华沙会议上日本和澳大利亚明显推卸减排责任，上述4国一起被认为是减排问题上的"肮脏四国"。4个发达国家在减排问题上的行动，更引发了学界对该问题的思考。由于大气中的碳排放主要由能源生产和消费产生，而能源又是工业化的动力，碳排放权的本质就是发展权。因此，研究两者之间的关系，特别是统计意义上的因果关系，成为进一步探讨碳排放规律和经济发展路径的重要基础。

2.1.2 碳排放与气温变化关系研究现状

与工业化过程中排放的其他气体不同的是，二氧化碳无毒、在大气中的滞留时间长、短期内对人类发展产生的作用具有不确定性，同时，二氧化碳的载体——大气圈是一个流动的公共领域，无特定产权，为全球共有，对于人类生存又不可或缺，由此加大了对其作用研究的难度。近年来随着化石能源消费量的增加、大气中二氧化碳浓度以线性方式增加［如图 2.1（a）］，在全球消费的能源中化石能源占 80%以上，能源消费是大气中主要碳源已是不争的事实。与此同时，全球气温也在发生变化，于是，围绕碳排放与气温升高的关系，在学术界已经持续争论了一个多世纪后，近年来再次引起了各国学界、政界和产业界的高度重视。尽管多数人认为碳排放引起气温升高，而近年来碳排放增加，气温却有下降的态势，由此也加剧了学术界对两者关系的争论［如图 2.1（b）］，该问题的复杂性，决定了对其争论的持续性。显然，随着化石能源供给趋紧，碳排放问题已演变成为国际政治和外交的重要话题。

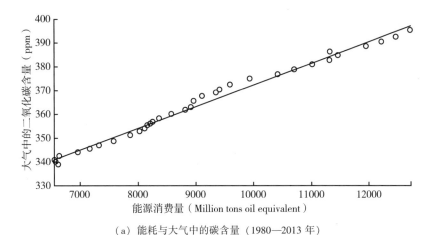

(a) 能耗与大气中的碳含量（1980—2013 年）

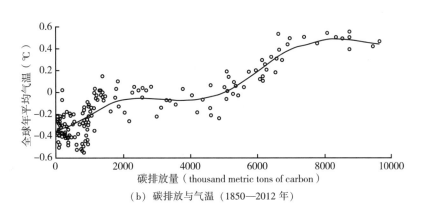

(b) 碳排放与气温（1850—2012 年）

图 2.1 全球能源消费量、碳排放与气温变化

资料来源：碳含量数据来源于美国国家海洋和大气管理局（NOAA）；
　　　　　能源数据来源于 BP 石油公司；
　　　　　碳排放数据来源于美国能源部二氧化碳分析中心（CDIAC）；
　　　　　气温数据来自于英国国家气象台 http://www.metoffice.gov.uk。

19世纪末,在煤炭和石油能源动力的推动下,欧洲发达国家相继经历工业化初期,渐次进入工业社会中期,此时,已有学者注意到碳排放和气温变化的关系。1896年,37岁的瑞典科学家斯凡特·阿列纽斯①根据观察提出了由于人类大量使用化石燃料,向大气排放二氧化碳,将导致地球温度不断升高的观点。12年后,在其著作《形成中的世界》中进一步提出了温室效应假说,他在总结前人研究成果的基础上,给出了二氧化碳排放与大气温度之间的定量关系:如果二氧化碳排放的数量以几何级数增加,那么大气温度将以算术级数增长。由此引发了一场旷日持久、持续至今的碳排放与气温变化关系之争。经过100多年后,以二氧化碳为主的温室气体排放量远超过预期,但地球温度增加不到1℃,并没有按斯凡特·阿列纽斯所刻画的方式增加。对于二氧化碳排放增加是否引起气温升高的问题,在学术界形成了"因果论"和"非因果论"两种不同的观点,并演变为国际政治中的"灾难论"和"阴谋论"。第一种观点是学术界的"因果论"(政治上的"灾难论"),持这种观点的学者和政治家认为,以二氧化碳为主的温室气体排放引起气温升高,而气温升高对人类社会经济发展"弊大于利",其直接后果包括病虫害增加、海平面上升、气候反常和沙漠化加剧等,由此将严重阻碍社会经济的可持续发展,碳排放最终将成为人类的灾难。该观点在学术界的主要代表者是IPCC组织的一批科学家,他们在2007年IPCC的第4次评估报告中明确指出"人类社会经济活动导致的大气中温室气体浓度上升是诱发全球变暖的主要因素之一"。中国政府在2007年出台的《中国应对气候变化国家方案》中也表达了类似的内容。国内经济学界围绕气候变化与化石能源消费(主要碳源)的学术文献几乎都将该观点作为既定的假设前提,少有质疑。此间,在全球变暖的严峻后果以及与人类活动之间关系问题上,有报道称IPCC主席排斥不同的学术观点,在2010年爆出"冰川门"事件②等,引发学界和公众对IPCC在该问题论证上的信任危机。事实上,对于这个问题上,还存在另一种学术观点,即"非因果论"(或政治上的"阴谋论"),持这种观点的学者认为,地球气温变化是一个复杂的系统,冷暖变化、干湿交替,一直是地球温度变化的特点,以二氧化碳为主的温室气体排放与地球温度变化无关[1],代表者是NIPCC③的一批科学家。特别是以美国前政府科学顾问,科学院院士Lindzen为首的科学家对IPCC和持同样观点的政治家的每一次相关活动都进行了针锋相对的回应,如针对政府间国际气候变化专门委员会第4次评估报告,由弗吉尼亚大学教授S. Fred Singer博士牵头,出版了厚达860页的专著——《重新思考气候变化》(*Climate Change Reconsidered*),反

---

① Arrhenius, Svante August(1859—1927),瑞典科学家,1903年获诺贝尔化学奖。
② 印度和加拿大科学家观察发现喜马拉雅冰川在扩展而不是消融,指出AR4中存在严重错误。
③ 2007年,美国哈特兰德研究所组建了一个被命名为"B支队"的研究团队,旨在对气候变暖的科学证据进行独立于IPCC的评估,同年4月,在维也纳召开的国际气候工作会议上,更名为非政府间国际气候变化专门委员会(简称NIPCC)。

对当前盛传的气候变化"灾难论"。Katharine Hayhoe（2009）在著作中提供了一些事实依据，认为气温变化与碳排放量无关。此外，指出美国前副总统戈尔在纪录片《气候灾难真相》中的不实报道。戈尔在纪录片中称"最近900多篇研究论文都支持这个结论，气候变暖灾难是科学界共识"，而事实是，美国科学界就有大量反对者，美国学者、竞争企业学会高级研究员马洛·刘易斯早在2006年就针锋相对地完成了报告——《对戈尔〈气候灾难真相〉的质疑》。在该报告中，反对方进行了全面的反驳，指出戈尔纪录片中的偏见、误解、推测性观点和错误，以及采用的预测模型中存在的问题，认为，自工业革命以来，大气中二氧化碳浓度大量增加，但地球升温不到1℃，两者之间并无确定关系。2009年Linden院士根据1985—1999年实测大气层顶净辐射与海水表面温度变化之间关系，得到了"反馈因子为负"的结论。而气候灾难论的主要支持者Trenberth等研究了这批实测数据，在2010年发表文章报道了他们的研究结果，给出的反馈因子也是负的，这等于认可了反方的负反馈结果，双方的文章均发表在地学领域著名的专业期刊上。S. Fred Singer（2011）[3]再次用NIPCC和IPCC的两种模型，得出地球升温最主要是自然过程，人类活动的作用微乎其微的结论。尽管国内学术界和媒体对此鲜有报道，但仍有国内学者对不同观点进行了介绍，如丁仲礼（2009）[4]在文中客观地表述了气候变化的不确定性，认为仍有少数学者否定温室效应，在碳排放量分配问题上提出了以人均累计排放为标准的公平原则。谢高地（2010）[1]介绍了有关温室气体排放与地球升温之间关系的不同观点，认为气候变暖的确在发生，碳排放是可能的直接原因，这在一定程度上显示出中国科学家客观、审慎的科学态度。也有学者认为碳排放增加引起气温升高是一个伪命题①或谎言②，但这些观点缺乏足够的科学论证。

能源一直是维系人类生存和发展的动力之源，特别是工业革命以来，化石能源消费与经济增长相互推高，极大地提高了人们的生活水平，促进了人类的发展。大量化石能源的生产和消费在短期内产生的负外部性，对生态环境造成的直接影响已基本能够有效治理。与其他污染物不同的是，排放在大气中的二氧化碳无毒，其载体——大气圈是流动性的公共空间，如果碳排放真的引起气温升高，则需要解决排放源的确定和排放量的公平分配问题，目前国际气候变化组织执行的减排计划正是基于这样的假设开展活动的。如果碳排放增加并未引起气温升高，则存在寻找新能源替代有限化石能源问题。

---

① 杨槐. 21世纪备忘录——"全球气候变暖"的科学真相与人文反思[M]. 深圳：海天出版社，2010.
② 郎咸平. 新帝国主义在中国[M]. 北京：东方出版社，2010.

2.1.3 统计因果关系研究综述

自 Granger 因果关系检验方法问世以来，经过 40 余年的发展，该方法已经成为经济变量关系检验中的必要手段并被广泛使用。在此，按非面板和面板数据两条主线，对检验方法研究状况进行简要梳理，为后续研究碳排放与气温变化之间的统计因果关系做理论准备。

（1）非面板 Granger 因果关系检验方法

假设两个时间序列 X_t, Y_t 平稳，标准的 Granger 检验形式为：

$$Y_t = \alpha_1 + \sum_{i=1}^{m} \beta_i Y_{t-i} + \sum_{j=1}^{n} \gamma_j X_{t-j} + v_t \qquad (式2-1)$$

这里 X 引起 Y（X 是 Y 的 Granger 原因）是指如果 Y 的当前值由包含 X 过去值所得到的预测优于不含 X 过去值的预测，换言之，如果 X 引起 Y，那么 X 有助于 Y 的预测。同理有关于 Y 引起 X 的刻画：

$$X_t = \alpha_2 + \sum_{i=1}^{m} \lambda_i X_{t-i} + \sum_{j=1}^{n} \delta_j Y_{t-j} + v_t \qquad (式2-2)$$

如果包含 Y 的过去值所获得的 X 当前值的预测优于不含 Y 的过去值所得的预测，则说 Y 是 X 的 Granger 原因。后面的叙述中，只列出一个方向的表达式。

在实际的时间序列中，以一阶单整的情形居多，两个水平序列很难满足平稳性条件，并且对于多因一果的情形，标准的 Granger 因果检验未曾刻画。同时，在标准的 Granger 因果检验中，对滞后阶数的确定相当敏感，经过模拟发现，存在过拒绝原假设的倾向，因此，针对非平稳时间序列、寻找更合适的因果检验方法成为 20 世纪 80 年代后的一个研究主题，其内容包括：有协整关系的两个非平稳变量的因果关系检验、最优滞后阶数的确定、原因变量的扩展、变量维度的增加（由时间序列扩展到面板数据）等。其中两个有协整关系的非平稳时间序列的检验由 Engle 和 Granger（1987）[5]、Phillips 和 Ouliaris（1990）[6]基于残差的单方程检验得到，或者由 Granger（1988）[7]两步法，导出误差修正模型（ECM）得以解决，对于没有协整关系的非平稳序列，该方法并不适用。

非平稳时间序列的因果关系和最优滞后阶数的确定由 Hsiao（1981）[8]利用 Akaike（1970）[9]的最终预报误差（FPE）结合 Granger 方法得到了较好的解决，同时还可以用于多个原因变量的情形。Hsiao 检验针对两个 I（1）过程，首先将原序列一阶差分使其平稳化，于是，在变量之间没有协整关系时的因果关系检验表达式为：

$$\Delta Y_t = \alpha_1 + \sum_{i=1}^{m} \beta_i \Delta Y_{t-i} + \sum_{j=1}^{n} \gamma_j \Delta X_{t-j} + v_t \qquad (式2-3)$$

如果两者之间存在协整关系，则采用误差修正模型，有

$$\Delta Y_t = \alpha_1 + \sigma_1 EC_{t-1} + \sum_{i=1}^{m} \beta_i \Delta Y_{t-i} + \sum_{j=1}^{n} \gamma_j \Delta X_{t-j} + \upsilon_t \qquad (式2-4)$$

这样处理的好处在于能够避免模型的误设和遗漏重要的原因变量，如果模型中 $\sigma_1 \neq 0$，暗示两者有长期稳定的统计因果关系。因此，如果两个变量是 I（1）并且存在协整关系时，必然至少有长期单向统计因果关系。

为解决对选择的滞后阶数敏感性的问题，Hsiao（1981）[9]定义一个最终预测误差（FPE）：

$$FPE(Y_t) = E(Y_t - \hat{Y}_t)^2 = \sigma_u^2 \left(1 + \frac{k}{T}\right) \qquad (式2-5)$$

其中 $\hat{\sigma}_u^2 = \left[\dfrac{SSE(k)}{T-k}\right]$，$k$ 是模型中待估计的参数个数，T 是观察值个数。

于是，Y 的 $FPT(k)$ 估计量为

$$F\hat{PE}(k) = \left(1 + \frac{k}{T}\right)\left[\frac{SSE(k)}{T-k}\right] = \frac{T+k}{T-k}\frac{SSE(k)}{T} \qquad (式2-6)$$

通过选择适当的滞后阶数使 FPE 最小化，对应的滞后阶数就是因果检验中的最佳滞后阶数。Hsiao（1981，1982）[8][10]指出，在使用 FPE 标准和传统假设检验方法决定变量是否应该保留在方程中的区别在于显著性水平的选择，传统的显著性水平如5%、1%等是专设的，而 FPE 则是显式最优标准。

在现实中，变量时常表现出非线性特征。如果将原为非线性的关系误设为线性关系，势必弱化检验功效。标准的 Granger 因果检验建立在线性因果关系假设基础之上，对于非线性因果关系仍然采用该方法会事倍功半，所得到只能是伪"Granger 因果关系"，因此，从20世纪90年代开始，检验和发现非线性 Granger 因果关系成为计量经济学家们的一个研究主题。

Baek 和 Brock（1992）[11]观察到用传统的 Granger 因果检验方法在处理非线性关系时存在的不足，设计了一种处理非线性关系 Granger 因果检验法，他们通过蒙特卡洛模拟试验，发现对于存在非线性因果关系的序列，该方法的预测效果优于线性 Granger 因果关系检验。为了达到检验非线性 Granger 因果关系、移除线性相依的目的，解决问题的思路是首先采用 VAR 模型移除变量之间的线性关系，然后对残差用 Brock 等（1978）设计的非参数法 BDS 统计量检验残差中是否还存在非线性因素。BDS 检验基于 Grassberger 和 Procaccia（1983）[12]所发展的相关积分（correlation integral）概念，通过建立一个跨时的空间概率统计量，以检验所设定的时间序列误差项的独立同分布

(i.i.d) 性质。由于 BDS 检验的条件较强、需要通过转换后才能发现两个变量之间的统计因果关系,实际应用中假设条件未必满足,在 Baek 和 Brock (1992)[11]的基础上,Hiemstra 和 Jones (以下简称 HJ,1994)[13]将变量独立同分布的约束条件放宽为弱相关,拓展了相关积分统计量概念,提出了一种非参数统计的方法以探索两个变量间的非线性因果关系。但采用 HJ 方法,不管是用 (G) ARCH 过滤或是用样本容量减小带宽都存在过度拒绝的风险。为避免此类问题发生,需要寻找当带宽趋于零时的合适比率以得到新的一致统计量。Diks 和 Panchenko (2006)[14]提出的检验方法在一定程度上能够解决上述问题,新方法的基本思路是测度在给定局部 Y 值条件下 X 和 Z 之间相关性,通过缩小与容量有关的带宽,由检验统计量自动地计算 X 和 Z 的条件分布,这就是 DP 检验。可见,双变量的 Granger 线性和非线性因果关系都有了相应的检验方法。但在非线性因果检验方法中,除 BDS 检验外,其他尚处在理论研究阶段并在不断完善中,实证研究中因其他方法较为复杂还未得到推广应用。

对于对变量因果关系,Hsiao (1982) 首次在三变量模型中引入间接和伪因果的概念,并证明在特殊情况下随着信息集的减少,一定类型的因果关系会消失,这个观察引起在预测中无论使用何种信息都需要对直接因果关系的定义做出改进,Hsiao 的工作使我们清楚地认识到要更好地理解一个多变量时间序列的因果结构,不仅有必要研究完全变量信息集的 Granger 非因果关系,而且研究更广泛的变量间的因果也是非常重要的。但该方法在处理的变量超过三个以后,过程较为繁冗,在检验多因一果时不便操作,少有人对其进行深入探讨。Toda 和 Yamamoto (以下简称为 TY,1995)[15]对三变量 VAR 模型参数施加约束,采用调整的 wald 方法,以实现对因果关系的检验,该方法克服了 VAR 过程中有单位根时假设检验内在的一些问题,在要求差分或预白化的系统中被忽略的长期信息允许用一个 t 项来导出 Granger 因果关系,这就省去了需要为潜在偏差进行单位根和协整预检验的麻烦,同时可以保证得出的 Granger 因果检验统计量渐近服从标准分布。系统性地对多元因果关系的研究在近几年受到学者关注,Michael Eichler (2007)[16]采用图论的方法探讨伪因果的问题并且对在弱平稳过程的因果推断进行讨论。他首次针对时间序列提供了一个因果关系图形推断框架。在多元分析中引入路径诊断法研究时间变量的自回归结构,证明这种路径诊断与变量间因果的对应关系。该方法建立了时间序列自回归结构的简洁表现形式和可视化途径,以图为一种简化对象很容易在计算机上实现,用直观的方式分析多个变量之间可视的动态关系,适合于以向量自回归模型作为实证研究策略的选择。但不足在于这种方法只是定性的分析。Zhidong Bai 等 (2010)[17]在系统总结多变量线性和非线性因果关系后,将 BDS 方法推广,发展了诊断多元因果检验的方法。

迄今为止,对多元非线性因果关系检验的研究成果很少,在可检索文献中只有 Zhidong Bai 等 (2011)[18]将 MJ 双变量非线性方法直接推广到多元的情形。他们认为,与讨论双变量 Granger 因果关系一样，首先需要确定两组向量 $\{x_t\}$、$\{y_t\}$ 的线性因果关系，然后再判断是否具有因果关系。该方法提供了一种多元非线性因果关系检验的途径，但正如在双变量非线性因果关系检验中 Diks 和 Panchenko（2006）[19]对 HJ 方法所指出的那样，存在过度拒绝的情形，同时从上面的过程中也可以发现多元非线性 Granger 因果过程并不简单，在应用中有一定难度。

近年来，人们开始注意 Granger 因果关系的进一步扩展，以便于更合理地解释变量之间的因果关系，如 Dufour 和 Eric Renault（1998）[20]从理论上探讨在滞后期数超过一期时的因果行为，提出用辅助变量导出的间接因果关系做出解释，Dufour 等（2006，2010）[21~22]又进一步对因果关系的强度，因果关系的类型等进行了深入研究，认为除了存在因果的短期、长期以及瞬时关系外，重要的是还需要发现变量之间的因果关系强度，而统计显著性只依靠有效的数据和检验的功效不足以评判强度。

（2）面板数据 Granger 因果关系检验方法

尽管非面板的 Granger 因果关系检验得到了长足发展并在不断出新，但是对于社会经济现象以及自然现象的研究，仅仅依靠时间序列的因果分析是不够的，因为无论对一个宏观或微观主体而言，多个个体共寓其中，个体之间又存在差异，各个体的时间序列之间和同时考虑多个个体的总体面板数据之间的因果关系未必一致。即，将多个个体视为一个共同体，同时考虑截面和时间序列对因果关系的影响，与单独考虑各个个体在时间序列上的情形，所得因果关系不一定相同，碳排放与气温变化就存在类似问题。因此，研究面板数据的因果关系，揭示存在的差别和联系既是理论发展的需要，也有广泛的现实基础。近年来，已有不少学者对面板数据的 Granger 因果检验的理论方法和应用进行研究，取得了一定成果。

对面板数据变量因果关系检验的研究发端于 Holtz-Eakin 等人（1988）[23]提出的 PVAR 模型，其基本思路是将时间序列的 Granger 因果检验推广到面板数据中，在变量关于时间维度平稳的假设下，建立 PVAR 模型，分别计算有约束和无约束的残差平方和，通过构造 wald 统计量，以达到检验有无 Granger 因果关系的目的。PVAR 模型的形式为：

$$Y_{i,t} = \alpha_i + \sum_{k=1}^{p} \beta_i^{(k)} Y_{i,t-k} + \sum_{k=0}^{P} \gamma_i^{(k)} X_{i,t-k} + \varepsilon_{i,t} \qquad (式2-7)$$

式中，$i=1,2,\cdots,N$；$t=1,2,\cdots,T$；$\varepsilon_{i,t}$ 具有零均值同方差分布，为方便计，设两者的滞后阶数相同。在同质性假设下，需要检验的联合假设是对所有的个体，有 $H_0: \gamma^{(1)} = \gamma^{(2)} = \cdots = \gamma^{(P)} = 0$。如果拒绝原假设，则对于任何个体，变量 $X_{i,t}$ 是 $Y_{i,t}$ 的 Granger 原因，否则就不是，但拒绝原假设不能排除一部分个体的变量 $X_{i,t}$ 与 $Y_{i,t}$ 之间存在因果关系。同时，系数可以是固定的也可以是随机的，因此，对滞后项回归系数做出不同设定,就有了不同系数类型的检验方式。雷良桃、黎实（2007）[24]在总结 Hurlin（2004）[25]等人结果基础上将其归纳为 3 种主要类型。进行上述检验的一个重要假设是个体之间的同质性,但在模型中,同质性要求往往难以达到。如果将均值为零的异质系数误设为同质的,而同质模型系数的估计量收敛于真实异质性系数的均值,其结果是该检验易于接受同质性原假设、拒绝异质的 Granger 因果关系,以至于出现判断失真。对此,Hurlin 和 Baptiste Venet（2001,2003）[26~27]、Hurlin（2008）[28]在系统研究不同条件下的面板数据因果关系后,提出了检验面板数据变量 Granger 因果关系的 4 个基本假设。类似于面板线性回归模型,将 4 种形式的基本设定再结合对参数是固定或随机的假设,构造适合的检验统计量,就可以实现面板数据的 Granger 因果检验。至于采用何种形式,白仲林（2010）[29]认为需要从以下几方面考虑：第一,检验结果是用于有条件推断还是无条件推断。如果只是作为个体特征的条件推断,则宜于选择固定 Granger 因果检验,反之,如果是用于总体特征的无条件推断,则选择随机 Granger 因果检验；第二,随机系数与解释变量是否相关。如果相关,应选择固定 Granger 因果检验；如果不相关,则可以选择随机 Granger 因果检验；第三,待估参数个数与 T、N 的关系。随机 Granger 因果检验中待估参数个数为 $P + \dfrac{P(P+1)}{2}$,与 T、N 无关,但固定 Granger 因果检验待估计的参数个数为 PN 个,与 N 有关,需要注意"伴随参数问题"；第四,如果参数的方差变异系数较大,需谨慎选择随机 Granger 因果检验,或尽量避免选择该检验。但在目前的实证研究中,多数使用的是固定参数的方法检验。

Hurlin 所划分的 4 种情形将 N 个个体构成的面板数据变量可能存在的因果关系包括其中,在同质性的假设下,表现的是两种极端情形,是全称性假设,即全都没有 Granger 因果或全有 Granger 因果关系,而在异质性假设下,则需同时兼顾刻画因果性和异质性。其实,这种划分并不完备,存在异质性因果关系时有可能产生不一致的结果。此外,由于固定 Granger 因果检验中采用工具变量估计,在 T 较小或内生变量的工具变量不易确定时检验不便实施。Weinhold（1999）[30]提出包含了混合固定系数和随机系数的模型（简记为 MFR 模型）,认为这种模型允许存在动态个体和相关或独立变量的异质性,该模型可以得到系数方差的估计,并且在 T 较小时几乎不会产生估计偏差。但 Hurlin 指出,对于动态 MFR 模型,不仅比纯固定系数或纯随机系数模型存在更为复杂的个体异质性,并且准确定义因果关系也存在困难,因为在 MFR 模型中只是一个线性因果假设,而 Granger 因果关系中包括了时间序列的线性因果假设,并不能将 Granger 因果关系直接推广使用。Hurlin（2008）[28]假设对所有面板截面单元其自回归参数和外生变量系数的滞后相同,并且是平衡面板,仍然按照 Hurlin（2004）[25]的思路进一步讨论了在 N 和 T 序贯趋于无穷时,wald 统计量的渐近正态特征。Konya（2006）[31]提出基于似不相关回归（SUR）进行估计,并用设定的自助法标准值进行

Wald 检验，这种方法除了滞后结构外不要求进行单位根和协整预检验，存在的问题是单位根和协整的存在会降低检验的功效，不同检验常常会导致矛盾的结果。Furkan Emirmahmutoglu 等（2011）[32]基于 Fish（1932）提出的元分析（Meta analysis），导出 N 个分离的时间序列获得相应统计量的显著性水平，得到一种异质性混合面板数据的 Granger 因果关系检验方法。但元分析方法所固有的如存在偏差、不可比较等问题有碍于该方法的应用，其检验效果有待进一步观察。在面板数据因果关系检验方法使用过程中，上述问题的存在还需要进一步研究和完善。

在实证研究中，目前国内经济学领域使用因果检验大多采用标准 Granger 因果检验，存在不少误用的情形。对于与经济系统相似的其他系统，很少有应用这些方法的文献，如碳排放与气温变化之间的关系，表面上是一个自然科学的问题，但实质上与 Granger 因果检验所刻画的系统有许多相似之处，争论了一个多世纪，但还未发现有人采用上述统计方法研究其因果关系。由此说明，Granger 因果关系检验及其派生方法无论在理论上还是实证研究中都有待于加强和深入。

对于统计因果关系与实际问题中变量之间因果关系的对应问题，需要有客观的认识。正如奈曼和皮尔森所说："一个更严重的问题是给一个无辜的人定为有罪还是对有罪者定为无罪？这要看错误的后果，是处以死刑还是罚款；释放罪犯到社会的危害是什么，目前对处罚的道德观怎样？从数学理论的观点看，我们所能做的只是控制并最小化风险。至于在何种情况下，何种决策中，如何使用统计工具以保持必要的平衡，则需要后来的研究者去探究。"在学者们不断探索变量之间的 Granger 因果关系和实际问题的因果关系时，同样存在这样的取舍。

2.2　全球碳排放与气温非面板因果关系检验

一个现实的问题是，计量经济学中产生的因果关系检验方法能否直接用在气候变化问题中？在研究中我们发现气候系统与经济系统有诸多相似之处，符合类似的公理，存在相似的局限，这也验证了目前的经济学更像是天体物理学的说法①。根据洪永淼（2007）[33]对经济学公理的归纳，我们认为经济系统和气象系统至少有两点类似：第一，经济系统和气象系统都可以认为是服从具有某种分布的随机过程；第二，两个系统的现象（观测数据）都是该随机数据生成过程（data generating process）的一次实现。存在的局限包括：首先，对应的理论或模型都是对复杂系统关系的抽象，只能以简化的方式刻画；其次，从数据生成过程（DGP）看，两者只有一次实现，都具有不可逆转和不可重复性。（宏观）经济系统和地球气候系统内部各子系统之间联系紧密，

---

① 2010 年 7 月刘遵义教授在北京"纪念颐和园经济计量学讲习班三十周年学术研讨会"上的讲话。

所处的外部环境复杂多变，人们对两个系统所受到的外部干扰认识还有待进一步提高；再次，两者都具有时变性。在经济关系中，结构变化、体制演变等都会传导和影响人的行为，这种时变的特征有时使人们很难外推对未来做出预测。气温变化也具有时变特征，精准的气象预测以目前的技术条件也同样难以实现。两个系统所具有的共同特征，决定了计量经济学中的因果检验方法可用于气温变化与碳排放关系的检验中。

在后面的分析中，我们将根据变量的属性，从标准的 Granger 因果检验开始，层层递进，从线性、非线性时间序列到面板数据等多个角度全面检验两者之间的因果关系，得出可信度较高的结论。

2.2.1 序列平稳性检验

为了分析碳排放量的增加是否直接导致气温升高，根据变量的代表性和数据的可得性，在此我们选择全球每年消费化石能源的碳排放量和年均气温代表碳排放量和气温（数据见本章附录），分别以 x_t, y_t 表示。并假定如太阳辐射等其他因素不变，以便测定两者之间的统计因果关系。

图 2.2（a）反映了 1850—2010 年 161 年中全球气温变化，地球年均气温最低的年份是 1911 年，为 -0.573℃，最高的是 1998 年，达到 0.529℃，温度的极差超过 1℃，161 年气温升高不足 1℃。在图 2.2（b）中看出，同期全球碳排放量增加迅速，从 1850 年的 54mtc 增加到 2010 年的 9167mtc，2010 年的碳排放是 1850 年的 170 倍，人均碳排放量由 0.05tc 增长到 2010 年的 1.34tc，增长 28 倍。

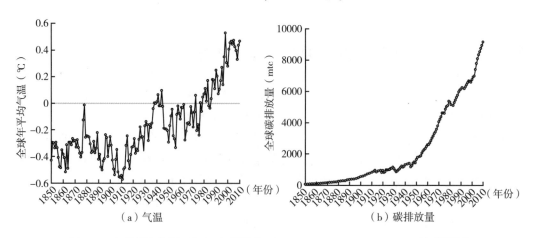

图 2.2　全球年均气温（℃）与碳排放（thousand metric tons of carbon）序列图

观察发现，两个序列都是非平稳的，并带有趋势，需要对序列进行单位根检验，在此，采用单位根检验的 6 种方法，检验结果如表 2.1 所示。

第2章 碳排放增加与气温变化关系分析

表2.1 变量单位根检验结果

		ADF	DFGLS	PP	KPSS	ERSPO	NG–PERRON			
有截距	x_t	4.849	5.512	6.365	1.342	483.4	4.246	7.564	1.781	349.85
	y_t	-0.188	0.543	-1.757	1.208	26.391	1.410	0.696	0.494	23.676
有截距和趋势	x_t	1.503	0.185	1.78	0.382	235.58	-0.98	-0.36	0.37	35.42
	y_t	-4.168**	-4.041**	-3.820*	0.265	3.807**	-27.96**	-3.66**	0.131**	3.73**

注：NG–PERRON包含4个统计量，"*""**"分别表示在5%、1%显著性水平下拒绝存在单位根的原假设。

在只含截距项的检验中，所有检验都接受存在单位根的假设，但是在既有截距又含趋势的检验中，部分检验拒绝气温有单位根的假设。由此判断，不能排除存在单位根的假设。进一步将两个序列做一阶差分处理，以便检验平稳性，观察序列变化，见图2.3（a）、（b）。

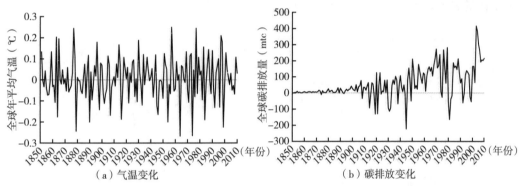

（a）气温变化　　　　　　　　　　（b）碳排放变化

图2.3　气温与碳排放差分图

对两个增量序列再次进行检验，结果如表2.2所示。可见无论是只有截距还是既有截距又有趋势的检验，都可以得出两个差分序列平稳的结论。

表2.2 碳排放、气温年增量单位根检验结果

	序列	ADF	DFGLS	PP	KPSS	ERSPO	NG–PERRON			
有截距	Δx_t	-3.537**	-3.024**	-7.193**	1.239**	1.990**	-17.12**	-2.78**	0.162**	1.97**
	Δy_t	-11.22**	-3.75**	-20.21**	0.154**	0.032**	-19.9**	-3.15**	0.16**	1.27**
有截距和趋势	Δx_t	-8.75**	-8.62**	-8.84**	0.15*	1.39**	-69.31**	-5.87**	0.08**	1.38**
	Δy_t	-11.29**	-12.07**	-22.07**	0.05**	0.06**	-79.33**	-6.29**	0.08**	1.17**

注：在有截距的检验中，Δx_t按照SIC标准自动选择滞后阶数，Δy_t中的DFGLS和NG–PERRON对滞后阶数较为敏感，为便于比较，此处只列出与ADF相同滞后阶数的检验统计值。

2.2.2 Granger 因果检验

由于两个差分序列 Δx_t 和 Δy_t 都是平稳的序列并有实际意义，符合标准 Granger 因果检验的条件，两者之间的统计因果关系适合于采用该检验方法。令

$$\Delta Y_t = \alpha_1 + \sum_{i=1}^{l} \beta_i \Delta Y_{t-i} + \sum_{j=1}^{l} \gamma_j \Delta X_{t-j} + \upsilon_t \qquad （式2-8）$$

$$\Delta X_t = \alpha_2 + \sum_{i=1}^{l} \lambda_i \Delta X_{t-i} + \sum_{j=1}^{l} \delta_j \Delta Y_{t-j} + \nu_t$$

分别假设 $H_0: \gamma_1 = \cdots = \gamma_l = 0$

$H'_0: \delta_1 = \cdots = \delta_l = 0$

为了反映该检验统计量对滞后阶数的响应，在此将滞后阶数从1取到50，得出检验统计量 F 对应的 P 值，以便观察不同滞后阶数对应的检验结果。

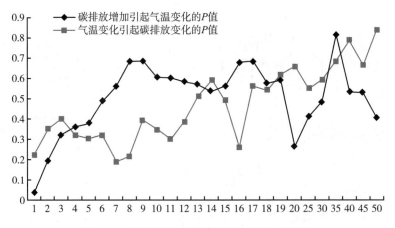

图 2.4 不同滞后阶数因果关系检验响应结果

图 2.4 显示，无论滞后期数是多少，气温变化都不是碳排放增加的统计原因。在碳排放增加与气温变化之间的 Granger 因果检验中，当滞后阶数为1时，对应的 F 检验统计值为 4.30431，P 值为 0.0397，在 5% 的显著性水平，拒绝原假设；当滞后阶数大于1后，对应的 P 值都大于 0.1，不能拒绝碳排放变化不是气温变化的 Granger 原因的假设。因此，如果最优滞后阶数为1，则拒绝碳排放增加不是气温变化 Granger 原因的假设，或者说，碳排放增加是气温变化的 Granger 原因。由于标准的 Granger 因果关系检验存在对滞后阶数敏感的局限性，不能就此判定碳排放增加与气温变化之间的直接因果关系，对此，需要进一步检验。

第2章 碳排放增加与气温变化关系分析

两个变量都是一阶单整的，需要考察是否存在协整关系。利用Johansen检验

$$Y_t = \sum_{i=1}^{p} A_i Y_{t-i} + BX_t + \varepsilon_t$$

其中：Y_t 是单整的碳排放和气温构成的二维列向量，X_t 是确定性向量（是否包含截距或趋势由此项决定），ε_t 是创新项，将上式重写为：

$$\Delta Y_t = \prod Y_{t-1} + \sum_{i=1}^{P-1} \Gamma_i \Delta Y_{t-i} + BX_t + \varepsilon_t$$

其中：

$$\prod = \sum_{i=1}^{p} A_i - I, \quad \Gamma_i = -\sum_{j=i+1}^{p} A_j$$

分别对5种不同设定：无趋势中检验无截距无趋势、无趋势检验有截距无趋势、有线性趋势检验有截距无趋势、有线性趋势检验有截距有趋势以及有二次趋势检验有截距有趋势进行检验。经过整理后的检验结果如表2.3所示。

表2.3 Johansen 协整检验结果

Data Trend	None	None	Linear	Linear	Quadratic
Test Type	No Intercept No Trend	Intercept No Trend	Intercept No Trend	Intercept Trend	Intercept Trend
Trace	1	2	2	1	0
Max-Eig	1	2	2	1	0

* Critical values based on MacKinnon-Haug-Michelis (1999)

如果只是从检验结果看，很不一致，无法得出是否存在协整关系的结论，进一步从两者的关系图2.1（a）观察，可以初步判定在该时段内两者之间的关系中有截距，但是如果已经考虑了线性关系，继续加入趋势项成为冗余（第四、第五种情形），通过对回归模型的检验，不能拒绝趋势项是冗余变量的假设，检验结果并不一致，而趋势项的存在与否又是两者之间协整关系是否成立的关键，因此，Johansen协整检验并不能确定两者之间是否存在长期稳定的因果关系。

进而采用协整关系的另一种检验方法，即基于残差单位根的Engle-Granger检验和Phillips-Ouliaris检验，前者是参数检验法，后者是非参数检验法。

Engle-Granger是检验一个滞后p阶的扩展回归中的ρ：

$$\Delta \hat{u}_{1t} = (\rho - 1)\hat{u}_{1t-1} + \sum_{j=1}^{p} \delta_j \hat{u}_{1t-j} + v_t$$

其中 $\Delta\hat{u}_{1t}$ 是两个序列回归后残差的差分。

而 Phillips-Ouliaris 检验则是检验未经扩展的 DF 回归中的 ρ：

$$\Delta\hat{u}_{1t} = (\rho - 1)\hat{u}_{1t-1} + w_t$$

原假设是序列无协整关系（残差序列有单位根）。检验结果整理如表 2.4 所示。

表 2.4 单方程协整检验（显著性水平为 5%）

检验方法	Engle-Granger			Phillips-Ouliaris		
因变量	截距	线性趋势	二次趋势	截距	线性趋势	二次趋势
y_t	-49.31048(**)	-49.77901(**)	-61.92168(**)	-59.40308(**)	-59.12500(**)	-61.38296(**)
x_t	-36.76444(**)	-15.40735	-5.959778	-38.30035(**)	-12.00207	-7.834989

注：所有滞后阶数均按 AIC 法则自动筛选；数据为检验统计值，** 表示在给定显著性水平下拒绝原假设。

可见，单方程的协整检验都支持碳排放量与气温之间存在协整关系的假设，在样本期内，两者之间存在长期稳定的关系。该结果与 Johansen 协整检验方法所得结果不一致。

2.2.3 确定最佳滞后阶数——Hsiao 检验

在协整检验结论不一致、Granger 检验不能确定最佳滞后阶数的情况下，我们考虑采用 Hsiao（1981）的方法确定 Granger 因果检验的最佳滞后阶数，以便检定是否存在统计因果关系。

首先，按照样本数 20% 的要求，选择滞后阶数为 32 阶，由等式

$$FPE(m+1) = \frac{T+m+1}{T-m-1}\frac{SSE(m+1)}{T}$$

通过计算，得到对应于各滞后阶数的 FPE 值如图 2.5（a）所示。由此筛选出最小的 $FPE = 0.00838$，对应的滞后阶数 $m^* = 29$，该滞后阶数也反映了地球表明气温在大约 29 年会有一个周期性波动的特性；

其次，引入碳排放量，在固定 $m^* = 29$ 后，利用式

$$FPE(m^* + n + 1) = \frac{T + m^* + n + 1}{T - m^* - n - 1}\frac{SSE(m^* + n + 1)}{T}$$

逐一计算直到 32 阶的 FPE 值，见图 2.5（b），确定出最小的 $FPE = 0.008277$，对应的 $n^* = 1$，即最佳滞后阶数为 1 期，或者说，上期的碳排放量对本期的气温有直接的影响，该结果与直接采用 Granger 因果检验得出的滞后阶数一致。

所以，采用线性 Granger 因果关系检验方法，检验由最佳滞后阶数得出的结论是拒

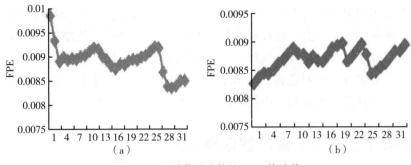

图 2.5　不同滞后阶数的 *FPE* 估计值

绝"碳排放增加不是气温升高的原因"的假设。或者说,碳排放增加是气温升高的直接原因之一。

上述检验是基于两者之间存在线性关系的假设下进行的,但是两者之间的关系可能是非线性的,只选择线性统计因果检验还不能提供足够的证据,需要进一步采用非线性方法检验其因果关系。

2.2.4　非线性因果检验

根据 BDS 检验的要求,首先利用 VAR 模型剔除主要的线性关系,然后检验剩余部分的独立同分布属性。在本问题中,我们所关注的是 x_t 是否引起 y_t 的变动,用无约束的滞后两阶向量自回归模型,对 y 关于 x 的向量自回归模型中残差进行检验,检验统计量

$$W(T,e) = \frac{\sqrt{T}\left[C_m(T,e) - C_1(T,e)^m\right]}{\sigma_m(e)}$$

在此,选择的最大阶数是 6。检验结果如表 2.5 所示。

表 2.5　BDS 检验结果

m	BDS 统计值	标准误	正态统计值	临界概率
2	0.009157	0.005187	1.765314	0.0775
3	0.012673	0.008242	1.537471	0.1242
4	0.009571	0.009811	0.975557	0.3293
5	0.003175	0.010219	0.310687	0.7560
6	−0.003130	0.009849	−0.317809	0.7506

该检验结果不能拒绝序列 i.i.d 的假设,即进行线性关系过滤后的序列中不含其他非线性因果关系,可以判定,线性因果关系的检验是合适的。无需采用其他方法再作非线性因果检验。

通过非面板因果关系的多种方法检验，结论倾向于碳排放是气温变化的 Granger 原因，因此，从统计意义上讲，可以较高的置信度认为全球碳排放增加引起了全球气温升高。而就目前的研究结果看，气温升高将导致病虫害增加、海平面升高、沙漠化加剧和气候变化异常等一系列危害，对人类社会经济发展弊大于利，这一结论对于全球经济发展特别是处在工业化初、中期的国家和地区经济发展增加了新的约束条件。

2.3 碳排放与气温面板数据因果关系检验

尽管通过碳排放与气温变化两个变量时间序列因果关系研究，为我们提供了碳排放引起气温变化的证据，但由于碳排放分布极不均衡，各地气温差异又较大，还需要我们进一步提供依据，为此，我们采用近年发展起来的面板数据因果关系检验方法，在全球选择样本点，做出进一步的论证。需要说明的是，由于大气的流动性，科学家对大气环境碳循环的确切本质尚未准确揭开，对二氧化碳的流动轨迹并不完全清楚，各地区排放的二氧化碳不是完全固定在排放区域，但总体上讲，排放气体在对应区域滞留时间最长，仍然能在一定程度上反映两者之间的关系。对此，我们可以从下面的二氧化碳浓度分布及排放图中找到证据。图 2.6（a）是 2008 年 7 月美国航天局大气红外探测器通过截获的数据发布的全球二氧化碳分布特性图，图像显示了受环绕地球的大气环流推动的大尺度模式二氧化碳浓度分布，图 2.6（b）是 THE BELLONA CCS 网站对全球的二氧化碳排放分布和来源进行统计和研究后，以 Google Map 形式展示的二氧化碳排放图，两图之间显示了较高的相似度，即排放多的区域二氧化碳浓度高，反之则低。

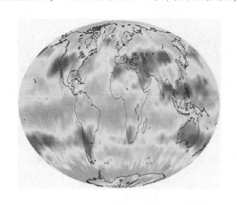 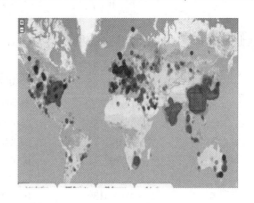

(a) (b)

图 2.6 全球二氧化碳浓度分布及排放图

（a）资料来源：http：//www.ceode.cas.cn/qysm/qydt/200810/t20081031_2370266.html。
（b）资料来源：http：//www.godeyes.cn/html/2010/01/12/google_earth_9166.html。

2.3.1 样本选择与准备

根据经济发展水平、数据的可得性和区域分布均衡性,我们从世界各地抽取20个国家,依次为:阿根廷、澳大利亚、奥地利、巴西、中国、法国、德国、印度、印度尼西亚、爱尔兰、日本、墨西哥、挪威、波兰、南非、瑞典、新西兰、俄罗斯、英国和美国,其中既有发达国家也有发展中国家,这些国家分布在地球不同纬度上,排放占全球排放的近70%,具有较强的代表性。在样本国家中,欧洲国家较为集中,占9个,主要有两个原因:其一是这些国家工业化起步时间早,碳排放保持较高的水平;其二是这些国家的数据资料记录较为齐全。

在选择样本数据时间区间时,为了兼顾各大洲皆有国家入选,并且样本时间区间尽量长,最后确定的样本区间为1910—2010年共101年的数据。碳排放量以美国橡树岭实验室计算的各国碳排放数据作为基础,对于像俄罗斯、德国这样存在分合情形的国家按照加总的方式进行了数据处理,以保持一致性。在采集气温数据时,由于缺乏各国百年每年平均温度数据,我们以各国主要城市年均气温代表该国家的气温,尽管这样有失妥当,但考虑碳排放主要发生在这些城市,对温度的影响最为直接,因此以主要城市作为代表不失为一种现实可行的选择,图2.7、图2.8分别显示了气温变化和碳排放增量[①]。

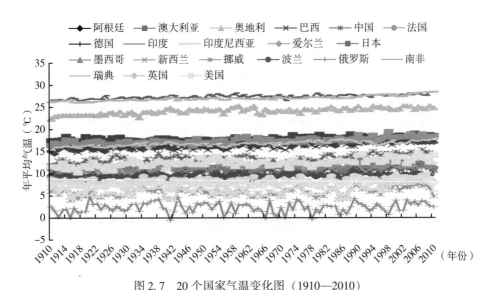

图 2.7 20个国家气温变化图(1910—2010)

[①] 碳排放量差异大且非平稳,我们用增量表示。数据量大,需要者可向作者索取。

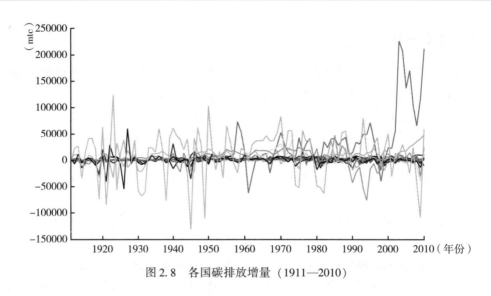

图 2.8　各国碳排放增量（1911—2010）

2.3.2　面板数据的平稳性检验

观察数据发现，从 1910 年至今，正是全球工业化加速的时期，碳排放量总体增加较快，而气温变化并不大，面板数据中特别是碳排放数据不平稳，为了检验因果关系，需要检验面板数据的平稳性。目前采用的较为成熟的面板数据单位根检验方法有六种，其中 LLC，BREITUNG 适合有相同根（commmon root）的情形，而 IPS [Im, Pesaran 和 Shin（1997，2002）]放宽了对各纵列一阶滞后项回归系数相同的约束，得到可以检验具有异质性个体的单位根方法，ADF – F [Maddala 和 Wu（1997）]基于 Fisher（1932）组合统计量，利用相互独立的时间序列的 ADF 检验的显著性水平构建出检验统计量 P，转换成 ADF 统计量用于检验具有异质性的单位根，PP – F [Choi（2001）]本质上仍是以 Fisher 组合统计量为基础，构造出服从渐近正态分布的统计量，最后的 PP（Phillips-Perron）统计量的形式用于检验个体单位根，HADRI 检验类似于时间序列单位根检验中的 KPSS，也可以用于异质性检验，与前 5 种方法有所区别的是原假设为没有单位根（平稳）。各种方法检验后的结果如表 2.6 所示。

从检验结果中看到，由 20 个样本国家 101 年的气温构成的面板数据序列在有截距，同时有截距和趋势两种情况下，各种检验方法所得结果一致，即没有单位根，是一个平稳过程。但碳排放量是非平稳过程，碳排放在两种情形下全部检验都表明存在单位根，经过一阶差分处理后，在只有截距的情形，全部检验拒绝存在单位根，在有截距和趋势的情形，只有 BREITUNG 检验没有拒绝存在单位根的假设，事实上，各国碳排放增量并没有明显的时间趋势，因此，可以判断碳排放增量只有一个单位根，是一阶差分平稳的，后面采用碳排放增量代表各国的碳排放量。

表 2.6 面板数据单位根检验结果①

	面板变量	LLC	BREITUNG	IPS	ADF-F	PP-F		HADRI
有截距	气温	-14.5(**)	—	-14.8(**)	314.5(**)	494.9(**)	20.8(**)	19.8(**)
	碳排放	12.2	—	13.7	6.36	11.4	26.84	25.9
	碳排放增量	24.7(**)		-31.5(**)	555.5(**)	594.(**)	13.9(**)	8.1(**)
有截距和趋势	气温	-37.6(**)	-15.1(**)	-31.5(**)	730.4(**)	768.9(**)	6.8(**)	7.6(**)
	碳排放	7.52	6.48	7.3	19.8	25.2	19.8	17.7
	碳排放增量	-33.6(**)	-0.1	-34.5(**)	842.2(**)	875.8(**)	10.1(**)	5.8(**)

注：(**)表示检验拒绝存在单位根，滞后阶数按照 SCI 标准选择。

2.3.3 同（异）质性检验

根据面板数据因果关系的检验步骤，完成平稳性检验后需要判断不同个体是否同质，为此，设定 PVAR 模型如下：

$$Y_{i,t} = \alpha_i + \sum_{k=1}^{P} \beta_i^{(k)} Y_{i,t-k} + \sum_{k=1}^{P} \gamma_i^{(k)} X_{i,t-k} + \varepsilon_{i,t}$$

$Y_{i,t}$ 为各国不同时期的气温，$X_{i,t}$ 表示各国碳排放增量，滞后阶数取 2 阶，$i=1,2,\cdots,20$；$t=1,2,\cdots,100$。通过计算得到

无约束的残差平方和 $RSS_U = \sum_{i=1}^{20} RSS_{1,i} = 1169.383$

而有约束的残差平方和 $RSS_R = 1193.563$。

于是 Wald 检验统计量

$$F_H = \frac{(RSS_R - RSS_U)/[P(N-1)]}{RSS_U/[N(T-2P-1)]}$$
$$= 1.18$$

在第一自由度为 38、第二自由度为 1900，1% 显著性水平下的 F 统计量的临界值为 1.41，显然，Wald 统计值小于临界值，接受面板数据同质的假设，各个国家之间的碳排放增量与气温变化数据具有同质性，说明在各个国家的碳排放与气温变化之间具有相同

---

① BREITUNG 只适合有截距和趋势的情形。

的内在生成机制,可以按照同质性面板因果关系检验的方法检验是否存在因果关系。

2.3.4 同质性因果关系检验

在 2.3.3 中,我们已经判定出各国气温变化和碳排放是同质的,具有相同的数据生成过程。对于同质性 HNCH 的数据,采用

原假设 $H_0: \gamma_i^{(k)} = \gamma^{(k)} = 0, \forall k = 1, 2, \cdots, P$

备选假设 $H_1: \gamma_i^{(k)} \neq 0, \exists k = 1, 2, \cdots, P$

在此,为了对比不同滞后阶数对因果关系产生的效应,分别取 $P=1,2,3$[①],对不同滞后阶数计算得到检验统计值如表 2.7 所示。

表 2.7 同质性面板因果统计检验

滞后阶数 P	1	2	3
检验统计值	30.24	26.25	24.08
1% 显著性水平临界值	6.65	4.62	3.79

检验统计值表明,无论滞后阶数是 1 阶、2 阶还是 3 阶,统计检验值都远大于显著性水平等于 1% 的临界值,拒绝原假设,不能排除各国碳排放增加与气温之间的因果关系。

我们知道,引起气温变化的因素众多、关系复杂,但是在本文中,通过从复杂表象背后抽象出可观测变量的值,利用非面板和面板数据因果关系检验方法,都拒绝碳排放增加不是气温升高 Granger 原因的假设。

从已有的研究成果看,气温升高虽然对不同地区影响有别,但总体上对人类社会经济发展"弊大于利",将导致病虫害增加、海平面上升、气候反常和沙漠化加剧等一系列危害,严重威胁人类的可持续发展。如果人类不控制碳排放,有效阻止气温过快升高,对于像中国这样经济发展主要依靠沿海地区的海岸国家,气温升高造成的经济损失更为严重。控制化石能源消费、减少碳排放以实现社会经济可持续发展,应该成为人类经济发展路径中的共同选择。

2.4 小结

"因果论"和"非因果论"是学术界在碳排放与气候变化问题上的两种主要观点,

[①] 检验统计值与临界值比值增大,滞后阶数的增加并不会缩小差距,故只列出滞后 3 阶的情形。

第2章 碳排放增加与气温变化关系分析

与此对应的是政治上的"灾难论"和"阴谋论",前者认为地球升温是二氧化碳等温室气体排放增加所致,气温升高将为人类社会经济发展带来灾难,后者则认为两者无关,是某些经济大国和利益集团制造的阴谋。由于气候变化问题的复杂性,对两者之间关系的争论还将持续。国内大多数学者的观点倾向于"因果论"("灾难论"),但没有学者对此进行过论证。笔者认为,对已知的有限数据信息,从统计因果关系分析中寻找相应的论据,对于进一步探索碳排放规律、寻找社会经济持续发展路径、制定和实施节能减排政策等都不失为一种尝试。

对于该复杂系统,我们化繁为简,选取碳排放和气温作为变量,在对已有的研究成果进行总结后,分析该系统与经济系统的相似性,说明统计因果关系检验方法的适用性,用非面板统计因果检验的方法,对从1850年至今161年全球碳排放量和年均气温进行平稳性检验,得出两者都是非平稳的结果,经过一阶差分处理后,两者成为平稳序列,但协整检验并不完全支持两者之间的长期稳定关系,对两个变量作因果检验的结果支持在碳排放增量滞后一期时,存在因果关系,而滞后期大于1则不支持因果关系,因此采用不同滞后期所得出的结论不同。为确定最佳滞后阶数,我们采用Hisao检验法,确定的最优滞后阶数为1,因此证实了两者之间的统计因果关系,即拒绝碳排放量增加不是气温升高原因的假设,或碳排放增加是气温升高的原因之一,同时还得到地球气温在29年左右出现一个变化周期的结论。基于两者之间存在非线性关系的可能性,继而采用非线性检验方法,也得出了碳排放引起气温升高的结论,由此,在全球范围内,从统计意义上讲,碳排放是气温升高的直接原因之一,而气温升高对经济发展"弊大于利"。在分析采用面板因果检验方法的可行性后,我们进一步从全球选取20个国家,整理从1910年至今101年的年均气温和碳排放量数据,采用面板数据因果关系检验法,同样得出碳排放增加是气温变化的Granger原因之一的结论。因此,从统计意义上讲,我们倾向于接受碳排放增加是气温变化原因的假说。

上述结论说明,中国政府在应对气候变化问题上的一系列决策是合理的选择,在能源和碳排放约束下,需要探寻碳排放规律,选择科学发展的路径,节能减排、保护环境,保持经济又好又快增长,这不仅是自身发展的需要,也是一个对世界负责的政府应有的态度。

在下一章,我们将追踪部分国家碳排放(化石能源消费)的足迹,挖掘不同阶段的发展路径和碳排放特征,采用非参数回归方法,估计潜在的碳排放曲线,探寻相应的客观规律,从中得到有益的启示,为中国经济发展路径的选择提供重要借鉴。

参 考 文 献

[1] 谢高地. 全球气候变化与碳排放空间 [J]. 领导文萃, 2010 (4).

[2] Katharine Hayhoe, Andrew Farley. A Climate for Change: Global Warming Facts for Faith – Based Decisions [J]. Faith Words, 2009 (12).

[3] S. Fred Singer, NIPCC vs. IPCC, Addressing the Disparity between Climate Models and Observations: Testing the Hypothesis of Anthropogenic Global Warming (AGW) [R]. www.tvrgroup.de.

[4] 丁仲礼, 等. 2050 年大气 CO_2 浓度控制: 各国排放权计算 [J]. 中国科学 D 辑: 地球科学, 2009, 39 (8).

[5] Engle, R. F, Granger, C. W. J. Cointegration and error – correction: representation, estimation and testing [J]. Econometrica, 1987 (55): 251~276.

[6] Phillips, P. C. B., S. Ouliaris. Asymptotic properties of residual based tests for cointegration [J]. Econometrica, 1990 (58): 165~193.

[7] Granger, C. W. J. Causality, cointegration and control [J]. Journal of Economic Dynamics and Control, 1988 (12): 551~559.

[8] Hsiao, C. Autoregressive modelling and money-income causality detection [J]. Journal of Monetary Economics, 1981 (7): 85~106.

[9] Akaike, H. Statistical predicator identification [J]. Annals of the Institute of Statistical Mathematics, 1970 (21): 203~207.

[10] Hsiao, C. Autoregressive Modeling and Causal Ordering of Economic Variables [J]. Journal of Economic Dynamics and Control, 1982 (4): 243~259.

[11] Baek, E. G., Brock, W. A. A general test for nonlinear Granger causality: bivariate model [R]. Working Paper. Korea Development Institute, University of Wisconsin – Madison, 1992.

[12] P. Grassberger, I. Procaccia. Measuring the strangeness of strange attractors [J]. Physica D, 1983 (9): 189~208.

[13] Hiemstra, C., Jones, J., D. Testing for Linear and Non – linear Granger Causality in the Stock Price Volume Relation [J]. Journal of Finance, 1994 (49): 1639~1664.

[14] Cees Diks, Valentyn Panchenko. A new statistic and practical guidelines for nonparametric Granger causality testing [J]. Journal of Economic Dynamics & Control, 2006 (30): 1647~1669.

[15] Toda, H. Y., Yamamoto, T. Statistical inference in vector autoregression with possibly integrated processes [J]. Journal of Econometrics, 1995 (66): 225~250.

[16] Michael Eichler. Granger causality and path diagrams for multivariate time series [J]. Journal of Econometrics, 2007 (137): 334~353.

[17] Zhidong Bai, Wing – Keung Wong, Bingzhi Zhang. Multivariate linear and nonlinear causality tests [J]. Mathematics and Computers in Simulation, 2010 (81): 5~17.

[18] Zhidong Bai, Heng Li, Wing – Keung Wong, Bingzhi Zhang. Multivariate causality tests with simulation and application [J]. Statistics and Probability Letters, 2011 (81): 1063~1071.

[19] Cees Diks, Valentyn Panchenko. A new statistic and practical guidelines for nonparametric Granger causality testing [J]. Journal of Economic Dynamics & Control, 2006 (30): 1647~1669.

[20] Dufour, J. – M., Renault, E. Short – run and long – run causality in time series [J]. Theory. Econometrica, 1998 (66): 1099~1125.

[21] Dufour, J. – M., Pelletier, D., Renault, E. Short run and long run causality in time series [J]. Journal of Econometrics, 2006, 132 (2): 337~362.

[22] Jean – Marie Dufour, Abderrahim Taamoutic. Short and long run causality measures: Theory and inference [J]. Journal of Econometrics, 2010 (154): 42~58.

[23] Douglas Holtz-Eakin, Whitney Newey, Harvey S. Rosen, estimating vector autoregressions with panel data [J]. Econometrica, 1988, 56 (6): 1371~1395.

[24] 雷良桃, 黎实. Panel – Data 下 Granger 因果检验的理论和应用发展综述 [J]. 统计与信息论坛, 2007 (3).

[25] Hurlin C. Testing Granger causality in heterogeneous panel data models with fixed coefficients [D]. Paris: Université Paris IX Dauphine, 2004.

[26] Hurlin Christophe, Venet Baptiste. Granger Causality Tests in Panel Data Models Fixed Coefficients [R]. Working Paper, Eurisco, Université Paris IX Dauphine, 2001.

[27] Hurlin Christophe, Venet Baptiste. Granger Causality Tests in Panel Data Models with Fixed Coefficients [R]. Working Paper, 2003.

[28] Hurlin, C. Testing for Granger non – causality in heterogeneous panels [R]. Working Papers, 2008.

[29] 白仲林. 面板数据模型的设定、统计检验和新进展 [J]. 统计与信息论坛, 2010 (10).

[30] Weinhold D. A dynamic "fixed effects" model for heterogeneous panel data [J]. London: London School of Economics, 1999.

[31] Konya, L. Exports and growth: Granger causality analysis on OECD countries with a panel data approach [J]. Economic Modeling, 2006 (23): 978~992.

[32] Furkan Emirmahmutoglu, Nezir Kose. Testing for Granger causality in heterogeneous mixed panels [J]. Economic Modelling, 2011, 28 (3): 870~876.

[33] 洪永淼. 计量经济学的地位、作用和局限 [J]. 经济研究, 2007 (5).

附录

全球气温与碳排放量（1850—2010） （碳排放量单位：百万吨碳）

年度	温度（℃）	碳排放量	年度	温度（℃）	碳排放量	年度	温度（℃）	碳排放量	年度	温度（℃）	碳排放量
1850	-0.435	54	1875	-0.406	188	1900	-0.254	534	1925	-0.274	975
1851	-0.302	54	1876	-0.372	191	1901	-0.317	552	1926	-0.179	983
1852	-0.305	57	1877	-0.127	194	1902	-0.429	566	1927	-0.258	1062
1853	-0.338	59	1878	-0.014	196	1903	-0.496	617	1928	-0.254	1065
1854	-0.296	69	1879	-0.258	210	1904	-0.539	624	1929	-0.358	1145
1855	-0.337	71	1880	-0.247	236	1905	-0.425	663	1930	-0.17	1053
1856	-0.41	76	1881	-0.251	243	1906	-0.35	707	1931	-0.138	940
1857	-0.48	77	1882	-0.256	256	1907	-0.518	784	1932	-0.162	847
1858	-0.487	78	1883	-0.308	272	1908	-0.554	750	1933	-0.282	893
1859	-0.353	83	1884	-0.373	275	1909	-0.559	785	1934	-0.161	973
1860	-0.385	91	1885	-0.363	277	1910	-0.544	819	1935	-0.184	1027
1861	-0.411	95	1886	-0.289	281	1911	-0.573	836	1936	-0.149	1130
1862	-0.518	97	1887	-0.374	295	1912	-0.497	879	1937	-0.041	1209
1863	-0.315	104	1888	-0.34	327	1913	-0.486	943	1938	0.002	1142
1864	-0.491	112	1889	-0.223	327	1914	-0.319	850	1939	-0.002	1192
1865	-0.296	119	1890	-0.423	356	1915	-0.247	838	1940	0.01	1299
1866	-0.295	122	1891	-0.386	372	1916	-0.434	901	1941	0.063	1334
1867	-0.315	130	1892	-0.481	374	1917	-0.494	955	1942	-0.02	1342
1868	-0.268	135	1893	-0.503	370	1918	-0.387	936	1943	-0.019	1391
1869	-0.287	142	1894	-0.436	383	1919	-0.332	806	1944	0.1	1383
1870	-0.282	147	1895	-0.418	406	1920	-0.327	932	1945	-0.024	1160
1871	-0.335	156	1896	-0.239	419	1921	-0.268	803	1946	-0.189	1238
1872	-0.277	173	1897	-0.26	440	1922	-0.378	845	1947	-0.194	1392
1873	-0.335	184	1898	-0.402	465	1923	-0.346	970	1948	-0.196	1469
1874	-0.377	174	1899	-0.322	507	1924	-0.358	963	1949	-0.206	1419

续表

年度	温度(℃)	碳排放量	年度	温度(℃)	碳排放量	年度	温度(℃)	碳排放量	年度	温度(℃)	碳排放量
1950	-0.294	1630	1966	-0.151	3288	1982	0.015	5113	1998	0.529	6638
1951	-0.169	1767	1967	-0.147	3393	1983	0.171	5095	1999	0.304	6584
1952	-0.096	1795	1968	-0.16	3566	1984	-0.019	5283	2000	0.278	6750
1953	-0.046	1841	1969	-0.026	3780	1985	-0.037	5441	2001	0.407	6916
1954	-0.246	1865	1970	-0.073	4053	1986	0.034	5609	2002	0.455	6981
1955	-0.269	2043	1971	-0.18	4208	1987	0.178	5755	2003	0.467	7397
1956	-0.335	2177	1972	-0.066	4376	1988	0.175	5968	2004	0.444	7782
1957	-0.085	2270	1973	0.059	4615	1989	0.109	6088	2005	0.474	8086
1958	-0.021	2330	1974	-0.207	4623	1990	0.248	6151	2006	0.425	8350
1959	-0.075	2454	1975	-0.161	4596	1991	0.203	6239	2007	0.397	8543
1960	-0.119	2569	1976	-0.241	4864	1992	0.071	6178	2008	0.329	8749
1961	-0.032	2580	1977	0.004	5026	1993	0.105	6172	2009	0.437	8951.2
1962	-0.034	2686	1978	-0.061	5087	1994	0.169	6284	2010	0.468	9167.1
1963	-0.01	2833	1979	0.046	5369	1995	0.269	6422			
1964	-0.278	2995	1980	0.069	5316	1996	0.139	6550			
1965	-0.211	3130	1981	0.11	5152	1997	0.349	6663			

第3章 经济发展中的碳排放规律

为了深入研究碳强度和碳排放足迹，本章分别选择全球5个发达国家和4个发展中大国，采用非参数回归方法，重点估计发达国家的两条潜在碳排放库兹涅茨曲线①，探寻工业化进程中碳排放随收入变化的规律，归纳其共同特征和两类不同国家碳排放的差异性。根据工业化进程中的碳排放规律，推断在不同情景下中国的人均碳排放峰值，为探索经济发展路径、控制能源消费提供重要基础。

3.1 问题的提出与研究现状

3.1.1 问题的提出

中国从"十一五"初期开始控制能源强度，到"十一五"末期，能源强度实际下降19.1%，未达到预期目标。"十二五"实施严格的能源强度控制政策，其目的之一是为了实现到2020年碳排放强度比2005年下降40%~45%的目标。但是，对于碳强度和人均碳排放的规律，研究并不充分，结论也不一致，特别是对人均碳排放峰值的预测结论差异更大。因此，我们认为有必要以新的视角，研究碳排放的潜在规律，对比发达国家和发展中国家的碳排放轨迹，对中国未来碳排放的走向做出判断。

3.1.2 研究现状

美国经济学家 G. Grossman 和 A. Kureger（1991）[1]是较早研究经济增长与环境变化规律的学者，他们发现经济增长和环境污染之间呈"倒U型"的关系，即环境质量随着经济增长的积累呈先恶化后改善的趋势。此后，出现了大量关于环境污染与经济增长的研究成果，但多数集中于对二氧化硫、氮氧化物等的范围。以二氧化碳作为环境

---

① 1955年，经济学家西蒙·库兹涅茨假定，随着一个国家的发展，不平等性开始时会提高，然后会随之下降，如果这种关系表示成曲线，该曲线为"倒U型"，这个假定被广泛应用到其他领域。

指标的研究成果相对较少,在已有的以人均收入解释变量,人均碳排放为被解释变量的成果中,由于选择的样本差异,得出了四种不同的结论:人均碳排放随收入递增且无拐点、人均碳排放随收入的增加呈先增后减的"倒U型"、人均碳排放随收入的增加呈先增后减再增的".型"以及两者没有关系,差异较大。如Shafik等(1992)[2]、Martin Wagner(2008)[3]研究得出人均二氧化碳排放与人均收入呈单调递增的关系,并且不存在拐点。Holtz-Eakin、Selden(1995)[4]、Galeotti(2006)等[5]研究发现人均二氧化碳排放与人均收入呈"倒U型",但得出的拐点处所对应的人均收入相差甚大,低至Galeotti和Lanza(2006)[5]得出的13260美元,高的达到Holtz-Eakin、Selden(1995)[4]计算的35428~80000美元之间,另有学者如Martinez-Zarzoso等(2004)[6]却研究得出的是"N型"关系,还有学者如Lantz和Feng(2006)[7]发现两者之间没有关系。国内学者对经济发展中碳排放规律的研究较晚,韩玉军、陆旸(2009)[8]对全球不同国家按照工业化程度和收入水平分组后,发现各组的碳排放差别很大。林伯强、蒋竺筠(2009)[9]对中国的二氧化碳库兹涅茨曲线进行了对比研究,认为中国二氧化碳库兹涅茨曲线的理论拐点将出现在2020年左右,但实证预测的拐点却是2040年以后,两者很不一致。陈劭锋等(2010)[10]通过环境影响方程(IPAT)理论和经验研究,认为在技术进步驱动下,二氧化碳排放随着时间的演变依次遵循三个倒U型曲线规律,即碳排放强度倒U型曲线、人均碳排放量倒U型曲线和碳排放总量倒U型曲线。依据该规律,可以将碳排放演化过程四个阶段。张晨栋、宋德勇(2011)[11]对主要发达国家工业化过程中碳排放的演变趋势,得出碳排放和工业化进程之间的周期变动规律,划分出五个不同的阶段。郭朝先(2012)[12]认为中国未来产业结构变动将有助于减少碳排放。在已有研究中,主要集中在人均碳排放随人均收入的变化规律,结果很不一样,缺乏同时将碳强度和人均碳排放随人均收入变化规律的研究,也未见到用非参数估计方法研究潜在碳排放规律的成果。

我们在已有成果的基础上,从新的视角,通过对比的方式,选择碳强度和人均碳排放作为被解释变量,研究全球碳排放随收入增长变化的特征,探寻其变化规律。首先选取全球、英、美、法、德、日等发达国家和巴西、印度、南非和中国等发展中国家为样本,采用非参数回归方法拟合各经济体碳强度、人均碳排放随人均收入的变化特征,以便更好地观察潜在的碳排放规律;其次,根据发达国家的碳排放规律,预测中国碳排放的可能走势。

3.2 全球碳排放规律

从图2.2(b)中我们已经看到,自1765年爆发工业革命以来,全球工业化过程大幅增加了碳排放,在排放到大气圈中的二氧化碳中,约95%由消费化石燃料燃烧后产生,近年来该比重虽略有下降,但化石能源仍然是最大的碳源。从总体上讲,全球经济发展水平不高,特别是发展中国家还在积极推进工业化,短期内可再生能源难以替代化石能源成为推动工业化的动力,化石能源消费量和碳排放总量都将继续增加已经成为共识。考虑到碳排放是人类经济活动的结果,在后面的研究中,我们不讨论总排放量,而是从碳强度和人均碳排放两个方面探究碳排放的潜在规律。图3.1(a)列出了1850—2010年人均收入、人均碳排放和碳强度的时间序列图。随着工业化推进,人均收入一直在增长,人均碳排放总体增长较快,但两次世界大战期间和石油危机后至2000年间出现停滞甚至下降,总体上讲,人均碳排放还处在上升阶段。碳强度的"倒U型"特征较为明显,由于战争的冲击,出现了两个峰值。受规模效应、产业结构和技术进步的影响,20世纪50年代后,碳强度开始下降,但下降率小于峰值之前的增长率,显示出非对称结构。

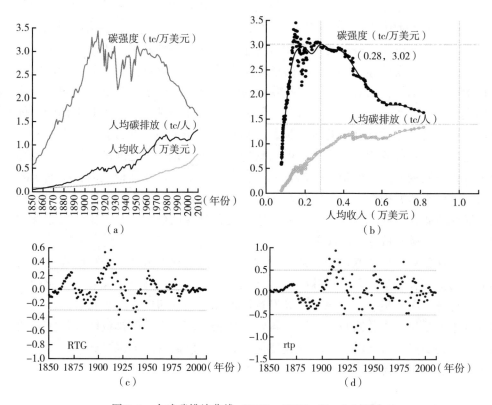

图3.1　全球碳排放曲线(1850—2010)($h=0.1108$)

数据来源:由CDIAC, ornl, Angus Maddison,世界银行等数据整理

资料来源:碳排放单位为吨碳,1吨碳=3.667吨二氧化碳,收入按1990年国际元计算(简称美元),1国际美元约合1.193美元(2005年价),下同。图中虚线为拟合的趋势线。

为了进一步观察不同发展阶段潜在的碳排放规律和变化特征,我们利用非参数方法估计碳强度和人均碳排放随人均收入增加变化的曲线。以人均收入为解释变量,记为 X,碳强度和人均碳排放为被解释变量,分别记为 Y 和 Z,于是,相应的一元核回归函数分别为:

$$Y = m(x) = E(Y | X = x)$$

其中权函数的估计

$$m_n(x) = \sum_1^n W_{ni}(x) Y_i$$

和

$$Z = m(x) = E(Z | X = x)$$

其中权函数的估计

$$m_n(x) = \sum_1^n W_{ni}(x) Z_i$$

经过拟合比较,采用二次局部多项式,在点 x_0 附近,

$$m(x) \approx m(x_0) + m'(x_0)(x - x_0) + \frac{1}{2} m''(x_0)(x - x_0)^2$$

由加权最小二乘法

$$\min K(\frac{x_i - x_0}{h}) / h [(y_i - m(x_0) + m'(x_0)(x - x_0) + \frac{1}{2} m''(x_0)(x - x_0)^2]^2$$

估计出二次多项式的系数,由此获得估计的非参数光滑曲线。

在估计中,选择的核函数为 Epanechnikov 函数、经自动优化后确定的窗宽 $h = 0.1108$,得出的估计曲线如图 3.1(b)。评价碳排放曲线拟合优度的 $R^2 = 0.9929$,优于线性拟合(对应的线性拟合优度 $R^2 = 0.9897$),人均碳排放曲线的 $R^2 = 0.9283$,优于线性拟合(对应的线性拟合优度 $R^2 = 0.8233$),可见,估计的两条曲线精度都较高,能够很好地反映人均碳排放和碳强度随人均收入变化的潜在规律。相应的残差图见图 3.1(c),图 3.1(d)也反映了较高的拟合效果。类似地,后面各国均采用了同样的方法得到拟合优度较高(大于0.9)的碳排放拟合曲线,由于研究的重点在于拟合出曲线,以反映潜在的变化规律,重复部分不再赘述。

图 3.1(b)的潜在碳强度曲线仍呈现出库兹涅茨所刻画的"倒 U 型"特征,由于战争等冲击,表现出非对称双峰结构,其中第一个峰值出现时的人均收入为 0.18(万美元),碳强度达到 2.98(吨碳/万美元),第二个峰值出现在人均收入 0.28(万美元),碳强度达到 3.02(吨碳/万美元),非参数曲线拟合的潜在峰值水平为 3(吨碳/万美元),人均收入超过 0.7(万美元)后,线性下降趋势较为明显。而人均碳排放总体上呈上升趋势。可以预见,假设以化石能源消费为主的结构在短期内没有大的变化,

两条曲线在人均收入达到 1 万美元时相交①，按趋势外推，此时人均碳排放约为 1.4 吨，其后，在产业结构调整、技术进步推动下，碳强度将继续下降。按照全球工业化对化石能源用能量增加的趋势，以及对生活用能增加的客观要求，在收入小于 1.4 万美元时，人均碳排放将会继续增加，超过该预期峰值对应的收入后，有可能出现下降。

3.3 主要发达国家碳排放规律

英、美、法、德等主要发达国家在经历 200 年的工业化之后，已经进入后工业化社会。在整个工业化阶段，能源消费（碳排放）对经济增长起重要的支撑作用，从工业化初期到中期再到后工业化社会，能源效率不断提高、能源结构不断优化，都出现了两条"倒 U 型"库兹涅茨曲线。日本是亚洲最早开始工业革命的国家，虽然工业化时间没有英美等发展国家长，但发展快，日本的能源对外依存度高，其工业化过程中的碳排放表现出与其他发达国家不同的特征。下面分别追踪这些发达国家碳排放（能源消费）随经济发展的变化轨迹，探寻碳排放规律。

3.3.1 英国

英国历经两个多世纪的工业化之后，碳排放过程最为完整。图 3.2（a）反映了碳强度、人均碳排放和人均收入随时间变化的过程，无论是碳强度还是人均碳排放量都呈现出库兹涅茨所刻画的倒"U"形态。图 3.2（b）是碳强度和人均碳排放随人均收入变化的情况，图中的实线是非参数回归估计曲线，反映潜在的碳排放规律，两条曲线的拟合优度都在 0.95 以上，拟合效果好。可以认为，这是在自身资源约束下，完整经过工业化国家对能源消费总量、结构和强度调整中碳排放的路径。英国完成工业化初期用了 110 多年，能源强度的峰值出现在 1883 年，实际峰值水平为达到 6.9，拟合峰值为 6.4。在人均收入为 1 万美元时，人均碳排放达到 3.1（吨碳），超过碳强度曲线，碳强度下降较快，人均收入大约在 1.1 万美元时，人均碳排放达到 3.2 的峰值后开始缓慢下降，拟合峰值为 3.1，说明要保持较高的收入水平，化石能源作为消费的主要能源还需要维持较长时期。尽管在工业化进程中，受到外生冲击引起经济波动，如两次世界大战前后、1973 年的石油危机等，特别是作为国际气候变化组织成员国之一，《京都议定书》的生效，有力地推动了能源利用效率的提高和人均碳排放量的下降。在此约束下，英国的经济发展不但没有放缓，人均 GDP 增长还快于其他时期，同时有数据表明，英国的生态环境质量在近 30 年也得到稳步改善。显示出由后工业社会转向低

---

① 由于人均碳排放 = 人均收入·碳强度，当人均收入为 1 个单位（万元）时，两者在数值上相等。

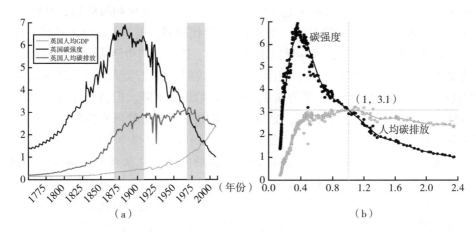

图 3.2　英国碳排放规律（1751—2008）（$h = 0.3324$）

注：右图实线为核函数拟合曲线，h 为窗宽，下同。

碳社会过程中，其发展方式正在向更加科学的路径转变。对于后发国家和地区而言，英国的发展具有借鉴意义和示范作用，如果有强大的技术支持和雄厚的资金保障，后发国家就有可能缩短工业化过程、提前进入低碳社会。

3.3.2　美国

美国的工业化起步比英国晚，但发展更快。图 3.3（a）是美国碳排放随时间变化情况，碳强度随时间呈"倒 U"变化特征明显。图 3.3（b）是碳排放随收入变化的情形，实线是非参数回归拟合曲线，反映碳排放的潜在规律。碳强度峰值出现在 1913 年左右，峰值在所有国家中最高，达到 8.4（tc/万美元），拟合峰值水平为 6.8，对应的

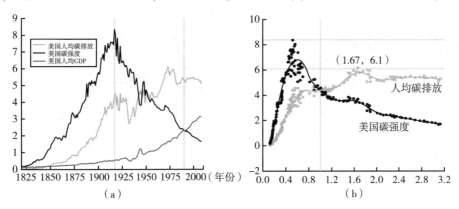

图 3.3　美国碳排放规律（1820—2008）（$h = 0.4514$）

收入水平为 0.5 万美元，美国用了近 100 年的时间完成工业化初级阶段，从时间进程看，比英国缩短了 10% 左右的时间。20 世纪 50 年代初期，美国人均收入达到 1 万美元时，人均碳排放超过碳强度，实际峰值水平为 6.1。说明人们生活质量的提升加大了对化石能源消费的需求，到 70 年代，美国人均收入达到 1.67 万美元时才出现人均碳排放 6.1 的高峰，拟合的潜在峰值水平为 5.8，其后开始缓慢下降。但值得注意的是美国的人均碳排放峰值几乎是英国的 2 倍，是发达国家中人均碳排放最高的国家之一，主要原因是美国自身化石能源丰富，第二次世界大战后利用经济大国地位在一定程度上控制着全球化石能源生产和消费，特别是石油危机后发动的几次针对石油大国的战争，在某种意义上就是为了维护其对化石能源的控制权。美国在短期内大幅降低人均碳排放不具有可行性，退出"京都议定书"缔约国也就在所难免。但是，美国作为世界第二大碳排放国，如果不执行较大幅度的减排计划，将对全球减排产生较大的负面影响，阻碍全球减排计划的实施。事实上，2011 年南非德班气候变化大会后加拿大退出减排计划，2013 年日本、澳大利亚推卸减排责任，都与美国的做法有直接关系。

3.3.3 法国

如图 3.4（a）、（b），法国的第一次碳强度峰值出现在 1910 年，紧接着的第一次世界大战对法国经济造成重创，在战争恢复阶段的 1930 年出现第二次峰值水平 3.6（拟合的潜在峰值水平为 3.3），假设没有战争的冲击，这段时间应进入工业化中期，所以我们将法国的正常峰值时间确定为 1910 年前后，或者说法国用了大约 90 年时间进入工业化中期阶段。到 1967 年，法国人均收入达到 1 万美元，人均碳排放超过碳强度，生活质量提高对能源的需求超过经济发展对能源的依赖，人均收入达到 1.28 万美元后，出现人均碳排放峰值 2.6（拟合的潜在峰值为 2.5），峰值期比英国早、持续时间比美

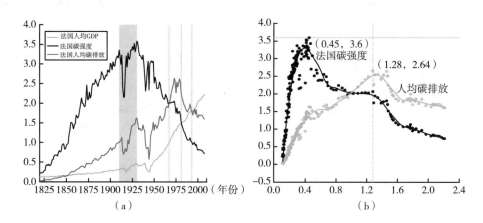

图 3.4　法国碳排放库兹涅茨曲线（1820—2008）（$h = 0.3455$）

国短,下降比英美快。1993年后,人均收入曲线超过人均碳排放曲线,说明收入增加对化石能源消费的依赖性减弱,这与法国的能源禀赋和能源消费结构有密切关系(法国是国际上核能占比最高的国家之一)。此外,在碳排放库兹涅茨曲线中,我们还发现,在整个工业化过程中,法国的碳强度和人均碳排放都是西欧国家中较低的,碳强度和人均碳排放峰值都不到美国的1/2,近年来,人均碳排放下降也比英美快,但这并没有影响其经济发展水平,其中固然与非化石能源在消费中所占比重较高直接相关,但其全民节能减排产生的作用不可小视。

3.3.4 德国

在图3.5(a)、(b)中,从发展时序观察,德国的碳强度库兹涅茨曲线形态明显,在1917年碳强度达到峰值,峰值水平为7.4(tc/万美元)。拟合的潜在峰值为6,峰值仅比美国低,工业化初期用了大约100年。到1968年,人均收入达到1万美元,人均碳排放达到3.5吨,人均碳排放超过碳强度曲线,人们生活质量的提高对化石能源的依赖增强,能源利用效率提高显著,到1979年,人均碳排放达到峰值,人年均排放3.9tc,拟合的理论峰值为3.8,其后开始呈下降趋势,说明德国在今后还需要进一步调整能源消费结构,增加非化石能源消费比重。

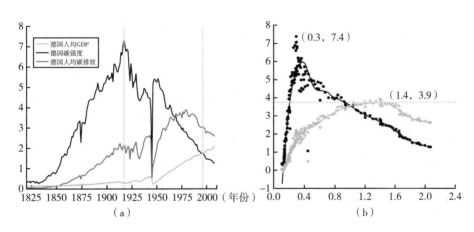

图3.5 德国碳排放库兹涅茨曲线(1820—2008)($h=0.2949$)

3.3.5 日本

日本作为亚洲最发达国家,其工业革命始于19世纪末期,20世纪上半叶由于发动侵略战争,拉动了工业的畸形发展,其碳强度曲线表现出不规则的形态,呈现出"M"双峰状,两个峰值水平分别是1914年的2.29和1973年的2.18,但峰值远低于其他发达国家，石油危机后日本的碳强度稳定趋于下降。人均碳排放也出现两个峰值，分别是1973年的2.29和2004年的2.69，对应的收入水平分别是1.14万和2.26万美元，近年来有下行的迹象，随着《京都议定书》第二阶段的推进，估计近期会出现趋势明显的下降，但2013年日本在气候变化大会上推卸减排责任的做法增加了减排的不确定性。

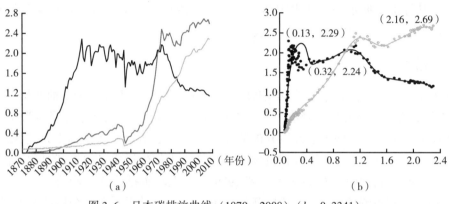

图3.6　日本碳排放曲线（1870—2008）（$h=0.3341$）

对英、美、法、德、日等主要发达国家碳排放（化石能源消费）与经济发展的关系研究，可以发现以下共同特征：第一，总体上，碳强度和人均碳排放曲线都呈先升后降的"倒U"或"M"形态，其中碳强度峰值一般发生在人均收入在0.3万~0.5万美元的工业化中期开始阶段，而人均碳排放峰值发生在后工业化社会来临的20世纪70年代，人均收入为1.3万~2.3万美元。两者的峰值时间相距大约60年，如果剔除掉两次世界大战的时间，大约相距45年；第二，碳强度"倒U型"曲线呈现左偏形状，表明碳强度在峰值之前上升较快、峰值后下降较慢，有升易降难的特点。而人均碳排放曲线在发达国家仍维持在较高水平，处在缓慢下降阶段；第三，两条库兹涅茨曲线在人均收入1万美元处相交，此后，人均碳排放超过碳强度，出现峰值，说明生活质量提升对化石能源有较强的依赖性。

3.4　发展中国家碳排放曲线

绝大部分发展中国家都是在第二次世界大战结束后才着手推进工业化的，目前大部分发展中国家还处在工业化早期或进入中期不久，人均收入水平低、人均碳排放量较少。受资源环境约束，发展中国家面临较大的经济发展压力，已经不具备走发达国家工业化发展路径的条件，在跟随工业化国家发展过程中，需要探索新的发展条件下的路径，在发展路径上有所创新和突破。

3.4.1 印度

图 3.7 显示，印度在 20 世纪 50 年代之前工业很弱小，碳强度水平低，是典型的农业大国，工业化起点低、推进缓慢，直到 20 世纪 90 年代才出现能源强度峰值，峰值水平只有 1.83tc/万美元，拟合的潜在峰值为 1.79，对应的人均收入分别是 0.135 万和 0.149 万美元。近年来随着工业化进程的加速，能源强度有所反弹，并且印度政府在国际气候变化峰会上没有承诺，随着重化工业的推进，有可能出现二次峰值，这并不能改变总体下降的趋势。印度人口基数大、增长快，人均碳排放量较少，处在上升过程中，到 2008 年只有 0.41 吨，不到美国的 1/10，由于收入水平据两条曲线相交的 1 万美元还有较大差距，还有一个较长的工业化过程。21 世纪面临的发展条件变化将对印度的发展路径选择形成挑战。

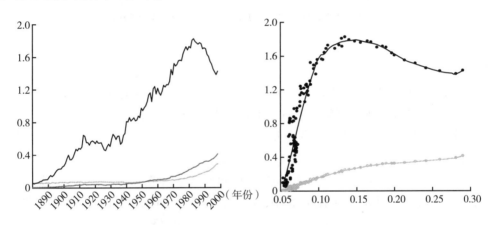

图 3.7　印度碳排放曲线（1880—2008）（$h = 0.03554$）

3.4.2 巴西

巴西受殖民影响大，由于远离欧亚大陆，两次世界大战对其冲击小，工业化进程缓慢，碳强度峰值出现在 1917 年，峰值水平只有 2.98，在时间上几乎与发达国家同步，但水平却大大低于发达国家。从估计的碳强度非参数曲线观察［图 3.8（b）］，拟合的理论峰值水平只有 2.49，对应的收入水平为 0.13 万美元，时间是 20 世纪 40 年代，该收入水平和时间上的碳强度水平较为客观地反映了巴西的峰值，其后总体呈现下降趋势。峰值水平较低的原因之一是巴西的能源消费中水电占比较高，工业化程度也较低。巴西的人均碳排放量也较少，目前还处在上升阶段。从发达国家的经验结果看，只有当人均收入超过 1 万美元后，才会出现人均碳排放峰值。

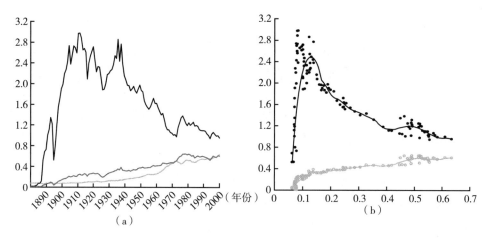

图 3.8　巴西碳排放曲线（1880—2008）（$h=0.08591$）

3.4.3　南非

南非是英国的早期殖民国家，工业化起步较早，1913 年碳强度就达到 5.3（tc/万美元），其后由于战争及国内种族矛盾，工业化进程异常缓慢，直到 1986 年才出现碳强度峰值，在时间上明显滞后，峰值水平达到 6.6（tc/万美元），是发展中国家较高的，从拟合的非参数曲线中看到，潜在的理论峰值为 5.9，对应的收入水平分别为 0.36 万和 0.38 万美元，时间在 20 世纪 80 年代中期和 60 年代末期。显然，由于受到外部的冲击，实际峰值滞后于潜在峰值近 15 年，从拟合曲线看，碳强度随收入变化的曲线仍

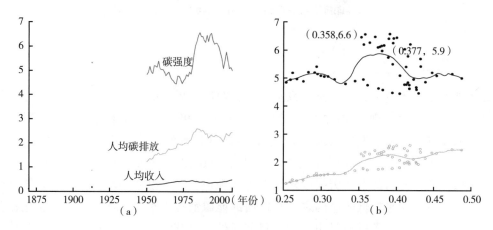

图 3.9　南非碳排放曲线（1950—2008）（$h=0.03517$）
（1950 年之前只有 1913 年的数据）

然大致呈"倒U型"。南非的人均碳排放量水平较高,在70年代中期出现过一个峰值,主要原因是当时政府刺激工业发展的政策推高了人均能源消费,其后下滑,目前还处在上升阶段。从发达国家的经验结果和两条碳排放曲线的性质看,碳强度将进一步下降,人均碳排放还将有所升高,两条曲线在人均收入为1万美元时交汇,其后出现人均碳排放峰值。

3.4.4 中国

从图3.10（a）的时间序列观察,中国碳强度出现过两个峰值,第一个峰值出现在大跃进后的1960年,显然这是由于大跃进政策冲击形成的,不能作为正常峰值,第二个峰值出现在1978年,对应的人均收入水平只有0.07万美元。在图3.10（b）的非参数估计曲线中,显示出偏态的"倒U型"特征。拟合的潜在峰值水平为4.2,对应的收入水平为0.12万美元,时间是1982年。尽管峰值对应的收入水平与印度、巴西两国相近,但碳强度明显高于其他发展中国家,这不仅与中国以煤为主的能源消费结构有关,也和粗放的发展方式有直接联系。中国人均碳排放量总体上一直处在上升中,虽然低于发达国家对应发展阶段的排放水平,但高于发展中国家水平,与印度、巴西等发展中大国比较,主要原因还在于能源消费中高碳能源占比过大。根据工业化过程的碳排放规律,人均收入达到1万美元后,碳强度与人均碳排放曲线相交,其后,碳强度继续下降,人均碳排放继续增加并维持在较高水平,然后缓慢下降。事实上,2009年、2010年,中国的人均碳排放量分别为1.57（tc）和1.68（tc）,仍处在上升过程中。

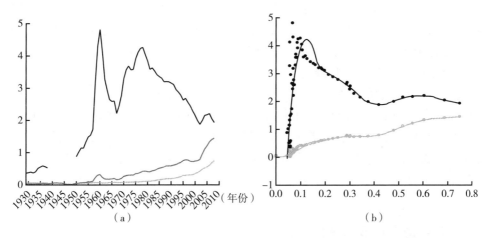

图3.10　中国碳排放曲线（1929—2008）（$h_1 = 0.1056$，$h_2 = 0.1124$）

注：缺1939—1949年部分数据。h_1、h_2分别是碳强度和人均碳排放非参数曲线的窗宽。

从 4 个发展中大国的比较中，我们发现：第一，三个国家碳强度随收入变化的特征比较相似，处在拟合曲线上对应于峰值的人均收入水平在 0.12 万~0.36 万美元，峰值水平比发达国家低且时间提前，学习效应较为明显；第二，人均碳排放一直处在增长中，在相同收入水平上，发展中国家的人均碳排放水平明显低于发达国家；第三，发展中国家人均收入水平都未达到两条曲线相交的 1 万美元水平。因此，上述四个发展中国家碳强度经过峰值后，随着收入的增加，碳强度将继续下降，而人均碳排放还将增加才能达到峰值。

3.5　发达国家碳排放规律对中国的启示

在前面的研究中，我们知道，已经完成工业化的发达国家，普遍存在两条大致呈"倒 U 型"的碳排放库兹涅茨曲线，且在人均收入达到 1 万美元时相交。该结论对于预见中国人均碳排放和碳强度曲线的走向，预测人均碳排放峰值对应的收入水平和可能的时间区间产生重要启示。

3.5.1　中国碳强度将继续下降，人均碳排放将继续增长

通过对碳排放足迹的跟踪，我们发现，对于完成工业化过程的发达国家，无论从碳强度还是人均碳排放，总体上讲，客观上都存在一个从低碳到高碳再回落到低碳的过程。

中国进入工业化中期不久，完成工业化中后期尚待时日，尽管近年来金融危机使出口受到影响，但在工业化和城镇化的驱动下，加工制造业还需要持续发展，对生产生活能源需求依然旺盛，短期内，能源消费结构难以改变，化石能源的主导地位不可动摇，因此，碳排放总量和人均碳排放都将持续增长。在国家节能减排政策引导下，能源效率不断提高，碳强度将继续下降。

根据发达国家的碳排放规律，中国在进入工业化中期后，人均碳排放将出现峰值，转而在高水平上缓慢降低。就中国不同地区之间人均碳排放将呈现出明显的差异，发展水平较高的东部沿海地区，人均碳排放量将进入下降阶段，而中西部地区还将处于增长期。对应不同地区产业结构调整重点将有所不同，西部应适度发展高耗能产业，东部则应发展低耗能产业，主动遵循碳排放规律，在分工协作中共同发展。

3.5.2　对中国人均碳排放峰值的预测

利用前文的研究结论，我们预测了中国人均碳排放峰值可能的时间和收入水平区间。

首先，预测到2030年之前中国的人均收入。假设经济正常运行，将2010—2020年增长率设定在7%~6%，结果表明到2013年，人均收入将达到1万美元[①]，此时人均碳排放和碳强度曲线将相交，人均收入达到1.3万美元的时间区间为2016—2018年，到2020年，人均收入将在1.5万~1.68万美元的区间。进一步将2021—2030年人均收入增长率设定为6.5%~5.5%，人均收入达到2.3万美元的时间区间为2025—2028年，到2030年，人均收入将在2.5万~3.1万美元的区间。

其次，预测2030年之前的碳强度。到2020年之前，根据中国政府的减排承诺，2020年碳强度比2005年下降40%~45%，测算出碳强度到2020年的碳强度区间为1.2~1.3 tc/万美元，由分摊的减排责任和发达国家碳排放规律，在工业化中期，碳强度下降减慢，设2030年的碳强度比2020年下降20%~30%，到2030年，中国的碳强度将在0.83~1 tc/万美元的区间。

第三，预测人均碳排放峰值。在对发达国家的经验研究中，人均碳排放达到峰值时的收入水平在1.3万~2.3万美元。由于目前碳排放约束比发达国家同收入水平时增强，综合考虑这些因素，可以得出结论，如果人均收入按高增长路径运行，人均碳排放峰值水平将达到2 tc/人左右，对应时间为2017—2025年，如图3.11（a），如果人均收入按低增长运行，人均碳排放峰值水平也在2 tc/人左右，峰值出现在2018—2028年，其后人均碳排放将缓慢下降，如图3.11（a），其后，逐步完成工业化中期进入后工业化社会。碳强度和人均碳排放两条理论曲线的峰值之间相距35~46年，符合发达国家碳排放规律以及后发追赶的特征。

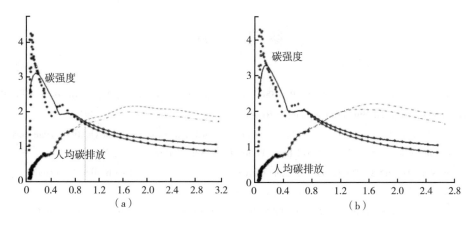

图3.11 不同情景下的中国碳排放峰值预测

---

① 按国际美元，值略高于按现价计算的人均收入。

3.6 小结

本章采用非参数回归方法,探索全球、5个发达国家和4个发展中国家碳排放潜在规律,同时预测了中国未来人均碳排放走势,得出如下结论:第一,碳强度曲线总体呈现出库兹涅茨所刻画的"倒 U"形态,但日本不明显。在发达国家,碳强度曲线峰值大致出现在人均收入为 0.3 万~0.5 万美元的区间,即由工业化初期转向中期阶段,发展中国家峰值出现在收入为 0.12 万~0.36 万美元的区间,比发达国家早,碳排放曲线都是左偏的,表现出增快降慢的特征;第二,发达国家人均碳排放曲线也呈现出"倒 U"形态,峰值大致出现在人均收入为 1.3 万~2.3 万美元区间,主要集中在为 1.5 万美元左右,发展中国家人均碳排放还处在上升阶段;第三,当人均收入达到 1 万美元时,碳强度曲线和人均碳排放曲线相交,人均碳排放峰值出现在后。发展中国家和地区由于收入水平较低,在没有新生替代低碳能源出现、能源消费结构没有较大改变的条件下,人均碳排放量还将增加;第四,由发达国家的碳排放规律对中国的启示,预测出中国的人均碳排放的峰值时间在 2017—2028 年,人均碳排放将达到 2 tc/人左右。

在下一章,我们将结合碳排放规律,从能源、生态环境和经济发展的角度,以英国为典型分析对象,探讨在能源消费、生态环境约束下经济发展的各种理论路径。

参 考 文 献

[1] Grossman, G. M. and Krueger, A. B. 1991, Environmental Impacts of a North American Free Trade Agreement, National Bureau of Economic Research [R], Working Paper, No. 3914.

[2] Shafik, N., Bandyopadhyay, S., 1992, Economic Growth and Environmental Quality: Time Series and Cross-country Evidence [R], World Bank Policy Research Working Paper, No. 904.

[3] Martin Wagner, 2008, The Carbon Kuznets Curve: ACloudy Picture Emitted by Bad Econometrics? [J], Resource and Energy Economics, Vol. 30, pp. 388~408.

[4] Holtz-Eakin, D. and Thomas M. Selden, 1995, Stoking the Fires? CO_2 Emissions and Economic Growth [J], Journal of Public Economics, vol. 57, pp. 85~101.

[5] Galeotti, M., Lanza, A. and Pauli, F., 2006, Reassessing the Environmental Kuznets Curve for CO_2 Emissions: A Robustness Exercise [J], Ecological Economics, Vol. 57, pp. 152~163.

[6] Martinez-Zarzoso, I., Bengochea-Morancho, A., 2004, Pooled Mean Group Estimation for an Environmental Kuznets Curve for CO_2 [J], Economics Letters, Vol. 82, pp. 121~126.

[7] Lantz V., Feng Q. Assessing Income, Population, and Technology Impacts on CO_2 Emissions in Canada, Where s the EKC? [J]. Ecological Economics, 2006 (57): 229~238.

[8] 韩玉军, 陆旸. 经济增长与环境的关系——基于对 CO_2 环境库兹涅茨曲线的实证研究[J]. 经济理论与经济管理, 2009 (3).

[9] 林伯强, 蒋竺均. 中国二氧化碳的环境库兹涅茨曲线预测及影响因素分析[J]. 管理世界, 2009 (4).

[10] 陈劭锋, 等. 二氧化碳排放演变驱动力的理论与实证研究[J]. 科学管理研究, 2010 (1).

[11] 张晨栋, 宋德勇. 工业化进程中碳排放变化趋势研究——基于主要发达国家1850—2005年的经验启示[J]. 生态经济, 2011 (11).

[12] 郭朝先. 产业结构变动对中国碳排放的影响[J]. 中国人口·资源与环境, 2012 (7).

第4章 经济发展路径的理论分解

我们在回顾经济发展路径的研究现状后,从能源、生态和经济(3E)系统联系的角度,分析其升级演变路径。以英国为典型分析对象,结合碳排放规律,解剖工业革命以来不同约束条件下各个发展阶段的经济发展路径。最后提出在能源生态环境约束下,经济发展路径的理论分解方法,得出16种发展路径,并对理论划分方式做出评价。

4.1 问题的提出与研究现状

4.1.1 问题的提出

2007年,中国正式提出将转变经济发展方式作为政府工作的重点,以实现社会经济又好又快发展,这是在能源和生态环境的双重约束下做出的重大经济战略调整。自改革开放后,中国经济持续高速发展,到2010年,经济总量已经跃居全球第二,能源消费量和碳排放量都居世界各国之首,经济发展的可持续性受到挑战。由前面的研究结论中我们已经知道,从统计意义上讲,碳排放增加是气温升高的直接原因之一,尽管各国排放的二氧化碳进入的是一个公共空间,如果各国都不采取减排策略,其后果必然出现"公地的悲哀",危及人类社会的生存和发展。同时,根据发达国家的碳排放规律,工业化过程中碳排放存在两条"倒U型"库兹涅茨曲线,发展中国家碳排放总量和人均碳排放还处在增长阶段,对于较大的经济体,工业化是经济发展中不可逾越的阶段。那么,在保持经济发展目标驱动下,经济发展路径是如何的,能否用数量经济学的方法进行分类?这些问题需要深入探讨并做出回答。

4.1.2 研究现状

经济发展路径是一个经济体经济发展运行的轨迹,是在经济增长路径基础上提出的,对此,我们首先需要区分经济增长和经济发展之间的异同。自经济学产生以来,

第4章 经济发展路径的理论分解

经济增长一直就是经济学研究的主要内容。在古典经济学时期,经济学家就十分重视对经济增长的分析,但让人颇感意外的是直到20世纪50年代,经济学理论研究中几乎都将经济增长与经济发展等同视之,并未作出区分。第二次世界大战后,各国经济实践的发展为经济学研究提供了新的素材,发达国家和发展中国家经济差距不断扩大、发达国家资源自给不足等问题凸现,需要在理论上以合适的概念刻画并作出区分,于是,经济增长和经济发展就成为50年代后经济学理论界关注的问题之一。在此期间,有经济学家将经济增长界定为产出的增加,认为这是发达国家的主要问题和经济学研究的对象,将经济发展界定为"经济发展=经济增长+结构转变",认为这是发展中国家的主要问题,是发展经济学的主要研究对象。但一个不可回避的事实是,无论是发达国家的发展还是发展中国家的增长都离不开工业化驱动,离不开对能源的需求,离不开生存的生态环境。到80年代,石油危机爆发后出现的能源短缺,工业革命以来能源消费造成的全球性碳排放剧增等重要资源环境约束与经济增长的要求之间的矛盾已经扩展到全球,经济发展问题不再只是发展中国家存在、而是世界各国共同面临的问题。人们开始反思经济增长和经济发展的实践,针对像非洲、南亚一些国家(地区)所出现的"有增长无发展"状况,经济学家得到启发,认为需要在理论上区分二者的关系,否则既不利于经济理论的发展、也不利于对现实问题的解决。于是,在理论上产生了不同的区分方式,较有代表性的是"经济发展=经济增长+结构转变+体制变革+绿色可持续",其中体制变革是经济发展的制度化因素,被内生化到另外3个要素中。认为经济增长更偏重于数量增加,主要指由投入变化引发产出数量的变动。简新华、李延东(2008)[1]、王一鸣(2008)[2]等对经济发展方式转变有关问题做了较为系统的论述。经济发展不仅重视经济增长,还要重视人与社会、人与自然、人与环境的和谐相处,共同持续发展。经济发展是经济系统由小到大、由简单到复杂、由低级向高级渐进演化的过程。不同时期、不同阶段所面临的约束条件不同,经济发展的路径有别,但都离不开经济增长和人类自身持续发展的主题。在保持人类自身持续发展的前提下,经济增长就是经济发展,体现了由"见物不见人"到"以人为本"的重要转变。

对经济发展(增长)路径的研究,资源约束问题在很长一段时间都未引起足够重视,直到石油危机爆发后,资源约束下的最优增长路径的文献才开始出现,已有研究成果的理论基础之一是内生增长理论。内生增长理论建立之初,在 Romer(1990)[3]的三部门增长模型中,讨论了技术进步的内生化过程,以解释长期经济增长的源泉。Grossman 等(1991)[4]提出的新熊彼德模型,从产品质量的角度推动了技术内生性的研究,形成了较为完整的内生经济增长理论的研究体系,证明了内生增长均衡路径的存在性,但没有将资源环境的约束纳入其分析框架。其后,部分学者在 Romer 的模型中加入资源环境要素,进行公理化推理,对资源环境对经济增长的影响做出解释。汪丁丁(1994)[5]认为制度、物质资本和人力资本这样的知识载体,一旦存在就很难改变其基本结构道路依赖性、固定成本、资产专有性。正因其固定成本和专有性，才会产生规模收益递增和相应的风险固定成本和专有性降低了系统对外界变化的适应性。另有一部分学者在生产函数中直接加入资源环境要素，研究最优经济增长问题，如 Barrett (1992)[6]认为在保护环境的约束下存在最优发展路径，Elisabetta Magnani 等 (2001)[7]从政策层面解释存在随经济发展提高环境质量的发展路径，Eric F. Lambin 等 (2010)[8]从社会生态反馈和社会经济变迁两个方面讨论土地转移的内生性和社会经济的外生因素，解释森林覆盖率的变化。此外，经济史学家也从历史发展的角度对资源 (能源) 环境约束下的经济发展路径进行过探讨，如 Kaoru Sugihara (2003)[9]认为西欧的工业化是一种资本密集、资源消耗型发展路径，而东亚是一种劳动密集型、资源节约型发展路径，目前两种路径正在走向融合。Nathan Nunn (2009)[10]分析历史事件对当前经济发展路径的冲击。近年来国内学者对资源环境约束下的经济增长路径进行了积极的探索，余江、叶林 (2008)[11]采用新古典模型，研究在资源约束条件下，短期内，不同产业结构对资源需求不同，从而形成不同的增长路径。胡健、董春诗 (2009)[12]扩展了内生增长模型，导出自然资源约束下的最优增长路径在平衡路径上资源对增长有重要影响。张敬一等 (2009)[13]在生产函数基础上构建了一个环境经济动态模型，认为存在一条最优经济增长路径。赵德馨等 (1999，2009)[14][15]从经济发展史的角度总结中国经济发展的路径，认为存在一个"之"字形的发展路径。

我们认为，上述研究成果在两个方面有待完善：第一，在资源环境约束条件下，用古典经济学理论对最优发展路径的求解只是停留在理论探索的层面，缺乏对经济体进行经验研究的成果；第二，从经济发展史的角度所做的总结，固然能够反映实际发展路径，但未能提升为理论成果，缺乏对能源生态变化数量关系的进一步刻画。

基于已有研究成果中存在的不足，我们以内生经济增长理论为基础，从能源、生态环境和经济系统联系的视角，审视在不同阶段能源和生态环境约束变化的条件下，总结工业化以来英国的经济发展路径的相应变化和调整，进而提出经济发展路径的理论分解方法。

4.2 3E① 系统演变与英国经济发展路径

能源、生态环境和经济系统密不可分，3个系统相互依赖、相互制约，共同推动人类社会形态由低级向高级发展。自工业革命以来，能源系统提供了多元的工业化动力，推动经济发展，同时又对生态环境造成了破坏，影响发展的可持续性。在工业化各个阶段，有着不同的经济发展路径，完成工业化的英国为我们提供了分析发展路径的一个典型。

---

① 3E 是指经济 (Economy)、能源 (Energy)、生态环境 (Ecological environment) 或排放 (Emission)。

4.2.1 能源生态经济系统演变

考察世界经济的发展轨迹，从系统论的角度看，就是围绕人类自身发展，能源、生态环境与经济之间系统的动态演变过程。特别是工业革命以来，经济发展对能源形成强大的需求，而能源生产和消费对生态环境产生破坏作用，生态环境又反作用于人类自身的持续发展，于是，围绕人类发展，能源系统、生态系统和经济系统相互作用，相互推动，各子系统由低级到高级、从简单到复杂，大致经过 3 次重大演变和扩展，形成了如图 4.1 所示的演变关系和升级路径。

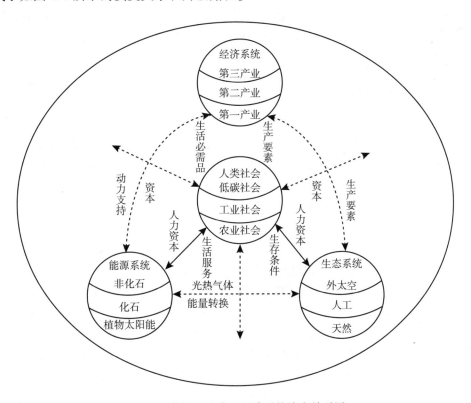

图 4.1 能源–生态–经济系统演变关系图

在工业革命前，人类处在农耕社会，依存于原始生态环境，主要从事以农业为主的第一产业生产，获得农牧渔产品以维系生存和发展，依靠生物质能源和太阳能和少量化石能源满足生产生活基本需要。自然生态环境为人类提供了充足的生物质能源，但人类转换利用能源能力很弱、利用效率低、社会经济发展缓慢，能源、生态环境和经济系统处于低水平的平衡状态。

工业革命发生后，经济发展的重心从第一产业转移到第二产业，技术等人力资本的积累加速了人们对能源和其他自然资源的开发利用，以工业为主的第二产业所依赖的能源从生物质能转移到煤炭和石油等化石能源，生产力水平的提高为化石能源和其他清洁能源的开发利用提供了充裕的资本和广阔的市场，人类为获得最大效用，掠夺性地开采包括化石能源在内的各种自然资源，所依附的生态环境遭遇前所未有的破坏，特别是化石能源消费产生的碳排放已经大大超过生态环境的碳汇能力，累积到大气圈中，威胁到人类的持续发展，3个系统原有的平衡关系受到破坏。

在工业化早期，人们意识到潜在的危机但并未采取有效的行动。发展到工业化中后期，先行的欧洲工业化国家化石能源出现供给不足，环境污染问题日渐严重，依靠高能耗、高污染推进经济发展已经成为一种不可持续的发展路径。发达国家的发展路径出现变更，产业重心开始从第二产业转向第三产业，消费的能源也由单一的化石能源转向污染排放较小的气体和石油等化石能源以及水电、核电和太阳能等多种能源组合，人们开始注重赖以生存的生态环境，并利用经济发展所积累的资本、技术，通过治理污染、植树造林等方式进行生态修复，构建部分人工生态系统，局部地区生态环境污染问题有所缓解。但就全球范围而言，各地区工业化进程不同，总碳排放量一直处于增长中，增加的二氧化碳融入大气圈后使公共空间碳浓度不断上升，增加的二氧化碳超过生态系统的降解能力，表明原有的系统平衡已经遭到破坏，仅仅依靠三大系统自身进化和调节难以恢复到平衡状态，人类必须改变生产方式、选择新的发展路径以保持可持续发展。基于化石能源的有限性和人类对环境质量要求的提高，新的发展路径和目标中一个重要的环节是低碳，假如目标得以实现，三大系统有可能逐渐恢复到新的平衡状态。与农业社会的低碳经济比较，这并不是简单的回复，而是系统的全面升级、人类生活水平和质量的跨越提升。在地球化石能源消费殆尽可期的条件下，人类依存的生态环境还将拓展到外太空，在可以预见的将来，外太空的资源将成为人类发展进程中重要的可利用资源。未来的经济系统重心有可能转移到新型产业，所依靠的能源将转向以太阳能为主的非化石能源，如果发展路径选择得当，碳排放与地球碳汇能力将进入到新的平衡状态，地球生态系统将得到优化，达成人与自然的和谐，三大系统再度恢复到新的平衡状态。反之，如果发展路径选择不当，也有可能使三大系统无法实现新的平衡，人类将要面临生存考验。

三大系统的演化，对各地区而言，进程不一、阶段有别。在演化过程中，将出现人口迁徙、区域社会经济中心变更。地区之间的冲突和争端不会停止，争夺的焦点主要集中在权属不清的地理空间资源，包括南北两极、海洋、太空等未划定产权的公共区域资源。资源的有限性和人类对资源占有欲望的无止境之间的矛盾成为推动系统由低级向高级演化的动力，人类在不同阶段需要对此做出取舍，以便有效利用资源以最大限度满足人们的欲望，保持代际公平和可持续发展。

英国是工业革命的发源地,已经完成工业化过程,从他们的发展轨迹中可以发现系统演变升级过程中所形成的发展路径和变动特征。以下将对英国进行典型分析,归纳出不同工业化阶段发展路径及其特性,为发展路径划分提供经验证据。

4.2.2 英国经济发展的启示

根据对化石能源的依赖程度,人类经济发展方式经历了一个由低碳到高碳再回落到低碳的轨迹,这种变化并不是简单的重复,而是在水平、质量、结构和效率上螺旋式提升的质变过程。

工业革命的发生,改变了世界的结构,而工业社会的生产和生活都极大地依赖于化石能源。已经完成工业化的英国所形成的经济发展轨迹,为我们提供了一个重要的样本,按照系统演变的关系和路径,在化石能源和碳排放两个重要条件的不同约束下,经济发展至少经历了3个不同发展阶段、多种经济发展路径。

(1)无约束的经济发展——以化石能源过度消费、人的再生产和土地扩张为动力

18世纪60年代,工业革命在英国发生后,经济发展对化石能源和其他矿物质资源的依赖逐渐加强,在经济发展所依赖的诸多要素中,除了人和土地是基本的要素外,还没有一种要素像能源那样,广泛地渗透到生产和生活的各个领域。出于对经济利益的追逐,人们开始无节制地开发化石能源,限于当时的技术水平和资源禀赋条件,英国在工业化初期消费的能源主要是煤炭。于是,在土地资源T既定的条件下,由于能源资源的开发和利用及其在工业化中的重要地位,包含能源要素的生产函数简化为

$$Y = f(L, K, E)$$

其中:Y是产出,L是劳动,K是资金,E是能源。从实物量形态看,产出表现为增加值,用GDP表示,简记为G,劳动力记为L,能源以消费的化石能源表示,记为E。

对于以国家为经济体的生产函数,假设土地面积、规模报酬不变,包含能源消费的C-D生产函数为:

$$Y = AL^{\alpha}K^{\beta}E^{\gamma} \qquad (式4-1)$$

两边取对数后求导,有

$$\frac{\dot{Y}}{Y} = \alpha\frac{\dot{L}}{L} + \beta\frac{\dot{K}}{K} + \gamma\frac{\dot{E}}{E}$$

即,经济增长率等于劳动力增长率、资本增长率和能源消费增长率的线性组合。劳动力、资本和能源对经济增长的贡献可以由此做出解释,其中系数大于零,反映经济弹性,且$\alpha+\beta+\gamma=1$。C-D生产函数的优势在于将各生产要素与产出的随机关系以线性组合的方式表现,可以测定产出的相对变化率,但弱点是不能获得变化率之间的确

定性恒等关系，并且在宏观经济中，资本投入一直难以准确度量，在实证研究中采用替代变量后效果不佳。为此，我们另辟蹊径，寻找在生态环境约束下，经济发展与能源、劳动力的确定性结构关系。

为了重点突出能源消费 E 在经济发展中的作用，考虑到资本和能源之间是互补品，并且已经物化到人以及能源等要素的开发利用中，同时也缺少相应的数据，在后面的讨论中没有加入该要素。由于工业化初期全球还存在没有国家权属的宜居土地，在讨论英国工业化初期经济发展路径时加入土地因素。根据资源约束下的内生增长率模型，按结构做出如下分解：

$$\frac{G}{P} = \frac{T}{P} \times \frac{E}{T} \times \frac{G}{E} \qquad (式4-2)$$

其中：P 是人口，T 是土地。两边取对数后再求导，整理得到

$$\dot{I}_{g/p} = \dot{I}_{t/p} + \dot{I}_{e/t} - \dot{I}_{e/g} \qquad (式4-3)$$

其中：左边是 $\dot{I}_{g/p}$ 人均收入变化率，$\dot{I}_{t/p}$ 是人均土地面积变化率，$\dot{I}_{e/t}$ 是单位土地面积能源消费变化率，$\dot{I}_{e/g}$ 是能源强度变化率。

在早期经济发展中，人口和土地增长作为经济增长的重要组成部分，自有了人类生产活动后就已经被认识并以各种方式表现出来，其中为争夺人口和土地最直接的方式就是战争。1776 年，以西欧后裔组成的国度——美国的诞生即是以战争扩张土地和人口的最好注解。值得一提的是，同年，瓦特发明的有实用价值的蒸汽机投入到煤矿运输中，蒸汽机在工业中的应用被认为是人类进入工业社会的最重要标志。同年，被视为经济学之父的亚当·斯密出版《国富论》，这本经济学的开篇巨著是经过亚当·斯密对书稿进行长达 3 年的润色和修改后才成书的，因为他正处在工业革命的早期，各种发明创造不断涌现，社会经济变化需要在书中留下痕迹。从《国富论》中可以看到，经济学家通过对经济生活的观察，已经对分工和效率问题进行了较为深入的研究。

在能源（煤炭）带动经济增长的巨大诱惑面前，英国进入大规模开采煤炭这种廉价能源时期，并由此推动经济的大发展。1700 年英国人均收入为 1250 美元①，1883 年增加到 3643 美元，年均增长 0.58%，是西欧 12 国②同期增长的 2 倍，也遥遥领先于欧洲其他大国。此间，英国人口以年均 0.75% 的速度增长，到 1883 年，人口规模达到 3545 万③，超过意大利（3011 万人），在西欧 12 国中，总人口仅次于法国（3947 万人）、德国（4440 万人），成为西欧第三大国。这个时代产生了一大批学者和发明家，

---

① 数据来源：Angus Maddison, The World Economy Historical Statistics。按 1990 年价格计算，下同。
② 指奥地利、比利时、丹麦、芬兰、法国、德国、意大利、荷兰、挪威、瑞典、瑞士和英国。
③ 不包括移民到其衍生国的人口。衍生国指美国、加拿大、澳大利亚和新西兰。

由英国主导的衍生国实力不断壮大,这些国家的移民带着技术远赴广袤的美洲、澳洲大陆,促进衍生国的发展,衍生国的经济增长甚至超过了欧洲本土。到碳强度峰值的1883年[如图3.2(a)],英国的煤炭产量比1751年大约增长了8.5倍。煤炭这种廉价能源成为引领英国领先世界的动力之源,在土地等要素不变的条件下,其他任何自然资源要素都不能与之相提并论。

(2)化石能源约束下的经济发展——以保持能源高消费和降低能源强度为核心

英国大量开发利用煤炭的状况一直持续到19世纪末,并推动整个欧洲和衍生国相继进入工业化初期,尽管当时在美国发现了石油,并大规模生产和消费,但化石能源的有限性,使人们不得不重视能源的利用效率,这个过程中由于战乱等,能源利用效率一直未见大的提高,随着开采煤炭难度的增大,为了满足经济增长对能源的需求,英国、荷兰等国不惜大面积砍伐森林,环境遭到严重破坏,这种典型的无约束、粗放式经济发展难以为继。到1883年,英国的碳强度达到峰值的6.9(tc/万美元)后开始下降,该峰值超过中国正常峰值水平2.6(tc/万美元),可以认为,在没有能源和生态环境约束的条件下,英国用了至少100年的时间才完成到达碳强度(也是能源强度)峰值的历程,此时全球宜居土地已经基本被瓜分完毕,依靠掠夺土地、增加自然资本的增长方式已不可行。

人们认识到,要保持经济发展,需要同时提高人均能源消费、提高能源利用率,这种关系在模型中能够得到很好的体现,经济发展的结构模型简化为

$$\dot{I}_{g/p} = \dot{I}_{e/p} - \dot{I}_{e/g} \qquad (式4-4)$$

1883年后,英国能源强度开始下降,表明已经率先完成工业化初期进入中期,其时英国的人均收入达到0.36万美元,相当于中国1999年的水平,其人均碳排放量2.52tc,高出中国2008年水平值1.07tc。到1968年,碳排放强度下降到人均碳排放消费水平之下,意味着人们生活质量的提高对化石能源(碳排放)消费的依赖超过收入对化石能源的依赖,英国进入后工业化社会。英国经历的工业化中期用了85年,扣除从1913—1945年两次世界大战共13年,大约用了70年时间完成工业化中期阶段,GDP由1298亿增加到5748亿,增长3.45倍,人口由3545万增加到5521万,增长56%,人均收入增加到1.04万美元,增长89%,碳强度(能源强度)下降到2.88吨,下降56%。人均碳排放量由2.52tc增加到3tc,增长15%[①]。工业化中期是英国大幅度提高能源利用效率,保持个人能源高消费、经济实力进一步增强的时期,同时环境问题已经引起普遍关注,特别是1952年、1962年冬天,伦敦持续大雾天气,导致上千人非正常死亡,其中的重要原因是消费的能源中化石能源占比过高,形成空气严重污染。

---

① 在结构分解模型中,时间跨度过长产生累计误差。

在工业化后期,改善能源消费结构、注重生态环境质量,保持系统平衡就成为一个突出的亟待解决的问题。

(3) 能源消费多元化的经济发展——强化技术进步、改善能源结构和提高森林覆盖率

我们以碳排放强度低于人均碳排放(化石能源消费)水平、人均碳排放量达到峰值后开始下降的时期作为英国进入后工业社会的重要标志,因为在保持人均收入上升和能源消费水平不降的条件下,碳排放强度的持续下降集中体现了技术进步所带来的能源消费结构变化和产业结构变动。生产和生活方式的重要转变,表明英国进入以石油、天然气为主要能源,核能和其他能源为补充的多元化能源消费时代,图4.2显示了能源消费总量和结构变化(数据见本章附录)。在此期间,英国的能源消费总量较为稳定,从2005年起,出现下降趋势。其中,石油消费量相对较为稳定,1993年起,天然气取代煤炭在能源消费结构中的地位,位列第二。到1997年,在总量中与石油消费量持平,而煤炭消费量则有较大幅度的下降,核能有所增加,由此促进了碳强度较快下降。

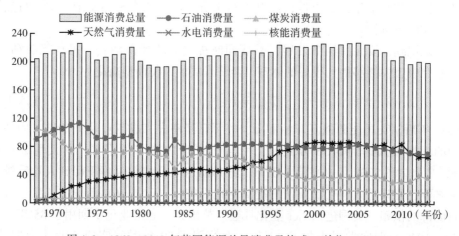

图4.2 1968—2013年英国能源总量消费及构成(单位:MTOE)

由于英国煤炭能源枯竭,通过贸易方式获取廉价煤炭能源红利不复存在,取而代之的是石油、天然气和核能等轻碳能源,这个时期,获取的能源红利主要来自于石油、天然气。因能源消费结构以及伴随的产业结构调整,碳排放强度也因此迅速下降,到1993年,人均收入超过碳排放强度,收入增长已经摆脱对化石能源的完全依赖,标志着化石能源红利时代结束。到2008年,人均收入超过人均碳排放量,保持生活水平提升已经不再依靠化石能源,英国开始进入真正意义上的低碳经济时代。

在地球表面的陆地上，碳汇①能力最强的是植被。在能源结构变化过程中，英国等西欧国家的生态环境质量也显著提高，表4.1的数据显示，1990—2010年，在世界各地森林覆盖率普遍下降的情况下，欧洲森林覆盖率却处于增长态势，英国的森林面积增长率高出欧盟，是这个时期森林增长率提高最快的国家之一。英国局部生态环境得到改善，森林碳汇的作用得到有效发挥，三大系统向新的更高层次的平衡趋近。

表4.1　1990—2010年国际森林面积变化比较

地　区	1990—2000		2001—2010	
	（千公顷）	（％）	（千公顷）	（％）
欧洲	877	0.09	676	0.07
英国	18	0.68	9	0.31
欧盟27国	732	0.51	517	0.34
非洲	-4067	-0.56	-3414	-0.49
亚洲	-595	-0.10	2235	0.39
中北美洲	-289	-0.04	-10	0.00
大洋洲	-36	-0.02	-700	-0.36
南美洲	-4213	-0.45	-3997	-0.45
全球	-8323	-0.20	-5211	-0.13

资料来源：据英国国家统计局网站数据整理。

在后工业化社会向低碳经济社会转变过程中，在各国国土面积已经确定的条件下，改善生态环境、增加人均植被面积、提高森林碳汇能力、减少单位能源碳排放量、提高能源利用效率就成为该过程中的主要特征。由此得到启示，并将这种经济发展路径按结构分解为：

$$\dot{I}_{g/p} = \dot{I}_{s/p} + \dot{I}_{e/s} - (\dot{I}_{n/g} + \dot{I}_{e/n}) \quad (式4-5)$$

其中：$\dot{I}_{s/p}$表示人均植被面积变化率，$\dot{I}_{e/s}$表示单位植被承载的碳源变化率，$\dot{I}_{n/g}$表示能源强度变化率，$\dot{I}_{e/n}$为单位能源碳排放变化率。

四个分解项对经济发展的作用方向有差异，第一项$\dot{I}_{s/p}$，即人均植被变化率在短期内难以大幅度增长，受土地总量和用途的约束，即使增长也有上限。

---

① 指吸收分解二氧化碳成碳和氧。

从英国的实践看,在1990—2000年,人口增长2.87%,森林面积增长6.97%,人均植被面积呈现出增长的态势,人均植被面积变化率为正,但是在2000—2010年,人口增长5.65%,森林面积增长3.15%,人均植被面积变化率为负,因此,保持该指标为正难度较大;第二项$\dot{I}_{e/s}$,单位植被承载的碳排放量变化率,其变化率由该地区二氧化碳排放量和植被的碳汇能力决定,由于减排逐渐成为对各国的强约束,从各发达国家的发展轨迹看,单位植被碳承载量在整个工业化阶段都会保持在一个较高的水平上,即使下降也比较缓慢,在二氧化碳排放量一定时,如果植被的碳汇能力强,则进入大气圈中的二氧化碳量就少,因此,改善植被碳汇能力成为减少生产生活中产生的碳排放最终进入大气层的一条有效途径;第三个指标$\dot{I}_{n/g}$反映能源强度变化率或能源的利用效率变化,同时也集中体现出各国产业结构变动、技术水平和要素质量的变化,如果能源强度下降,对人均收入的增加起正向作用,反之,则会产生负面作用;第四个指标$\dot{I}_{e/n}$,单位能源的碳排放变化率则反映能源结构变化,如果非化石能源消费占比高,则碳排放量会减少,对经济增长起正向作用,反之,如果单位能源碳排放量增加,则会对经济增长起反向作用,该指标同样衡量内生化的要素质量。

对英国经济发展路径演变的典型分析中,我们可以归纳出工业化不同阶段的发展路径。

表4.2 工业化不同阶段经济发展路径的结构分解

时期	经济发展方式结构分解	特征
工业化早期 (英国 1776—1883)	$\dot{I}_{g/p} = \dot{I}_{t/p} + \dot{I}_{e/t} - \dot{I}_{e/g}$	扩大国土面积,不断增加能源消费,增加人口获得经济发展
工业化中期 (英国 1883—1968)	$\dot{I}_{g/p} = \dot{I}_{e/p} - \dot{I}_{e/g}$	提高人均能源消费量、降低能源强度
工业化后期转向 低碳社会 (英国 1969—)	$\dot{I}_{g/p} = \dot{I}_{e/p} - (\dot{I}_{n/g} + \dot{I}_{e/n})$ $\dot{I}_{g/p} = \dot{I}_{s/p} + \dot{I}_{e/s} - (\dot{I}_{n/g} + \dot{I}_{e/n})$	依靠技术进步适度控制人均碳排放,重点调整产业结构,改善能源消费结构,提高效率 控制人口增长、增加森林碳汇、增加清洁能源、降低能源强度

4.3 经济发展方式路径的理论分解

在全球化语境下,为了保持地球大气层碳浓度不至于增加过多,节能减排逐步成为国际社会的共识。对于发展中国家和地区，由于约束条件的变化，不可能也不能重复发达国家所经历的经济发展路径，但是经济发展中工业化过程有内在的路径变化，工业化不可逾越也是一个不争的事实，而工业化意味着必须以能源作为发展的基本动力，需要保持较高的人均能源消费。由此，在后面对经济发展路径的理论分解中，我们将把能源和生态环境作为发展路径中的重要因素，得出不同的理论路径。

4.3.1 经济发展路径的演变

通过对英国工业化过程中能源消费和碳排放的全面分析，在资源有限、国土确定的条件下，以能源作为发展的动力，人均收入作为衡量经济发展的核心指标，我们得出经济发展路径的如下演变过程：

第一种形态：

$$\frac{G}{P} = \frac{E}{P} \times \frac{G}{E} \quad \rightarrow \quad \dot{i}_{g/p} = \dot{i}_{e/p} - \dot{i}_{e/g}$$

提高人均能源消费量、提高能源使用效率（降低能源强度）都是提高人均收入的有效途径，这也是目前大多数发展中国家和少数发达国家的发展方式。在化石能源枯竭期临近、改善生态环境质量（减排）双重约束下，提出了对发展方式和路径的新要求，发展路径演变为

第二种形态：

$$\frac{G}{P} = \frac{E}{P} \times \frac{G}{E} \quad \rightarrow \quad \dot{i}_{g/p} = \dot{i}_{e/p} - \dot{i}_{e/g}$$
$$\downarrow \qquad\qquad\qquad\qquad \downarrow$$
$$\frac{G}{P} = \frac{S}{P} \times \frac{E}{S} \times \frac{N}{E} \times \frac{G}{N} \quad \rightarrow \quad \dot{i}_{g/p} = \dot{i}_{s/p} + \dot{i}_{e/s} - (\dot{i}_{n/g} - \dot{i}_{e/n})$$

显然，对多数国家而言，都面临在化石能源储备减少的问题。阻止地球温度升高、改善生态环境都需要节约能源、减少排放。特别是 2011 年 12 月德班会议后将对《京都议定书》缔约国实施第二期减排，处在工业化初期和中期的发展中国家，在不远的将来要和发达国家一起承担实质性的减排责任，减排将成为硬约束。因此，转变经济发展方式、选择合适发展路径不仅是中国的需要，也是世界各国的共同需求。

4.3.2 经济发展路径分类

在节能减排约束下，经济发展路径需要按照 $\dot{i}_{g/p} = \dot{i}_{s/p} + \dot{i}_{e/s} - (\dot{i}_{n/g} + \dot{i}_{e/n})$ 的结构方式分解。为了更为直观地表现不同的发展路径，我们根据各个分解项取值的符号，将经济发展路径分为表 4.3 中的 16 种形式。

表 4.3　经济发展方式的 16 种路径

指标＼路径	1	2	3	4	5	6	7	8	9	10	11	12	13	14	15	16
$i_{s/p}$	绿色	绿色	绿色	绿色	绿色	绿色	绿色	绿色	红色	红色	红色	红色	红色	红色	红色	红色
$i_{e/s}$	低碳	高碳	低碳	高碳	低碳	高碳	低碳	高碳	低碳	高碳	低碳	高碳	低碳	高碳	低碳	高碳
$i_{n/g}$	节能	节能	耗能	耗能	节能	节能	耗能	耗能	节能	节能	耗能	耗能	节能	节能	耗能	耗能
$i_{e/n}$	减排	减排	减排	减排	增排	增排	增排	增排	减排	减排	减排	减排	增排	增排	增排	增排

在表 4.3 中，指标 $i_{s/p}$ 取正号表示为"绿色"，反映人均植被增加，取负号表示"红色"，表示人均植被减少；指标 $i_{e/s}$ 取正号，表示单位植被承载的碳排放增高，简称"高碳"，取负号表示降低，简称"低碳"；指标 $i_{n/g}$ 取正号表示能源强度提高，简称"耗能"，取负号表示能源强度下降，简称"节能"；指标取 $i_{e/n}$ 取负号表示单位能耗碳源下降，简称"减排"，取正号表示"增排"。

处在不同发展阶段的国家和地区，从能源消费和碳排放的角度，已经经历的或将要选择的发展路径必然是其中之一。按社会经济可持续发展的要求，在四项分解指标中，第一项为正指标，其他均为逆指标。人均植被面积变化率的增长有利于可持续发展，下降则不利于持续发展，该指标涉及植被面积和人口的相对变化率，世界各国和地区之间因资源禀赋、发展阶段等不同存在较大差异，同时植被面积的增长有上限，保持该指标持续为正有较大难度；第二个指标即单位植被的碳承载量，现阶段而言，下降有利于持续发展，反之则不利于持续发展，在工业化早期和中期，该指标一般为正。进入工业化后期的国家，一种有效减少单位植被碳承载量的方式是大幅度增加植被面积，改善植被结构以提高碳汇能力，如西欧国家从 20 世纪后期开始森林面积都在增加，排放的二氧化碳被植被吸收分解后，最终滞留在大气圈的部分将减少，这有利于人类的持续发展；第三项为能源强度变化率，下降表示能源利用效率的提高，也是技术水平、要素质量提高和产业结构高度化的集中体现；第四项指标为单位能源碳排放的变化率，主要反映能源消费结构的变化，是能源利用清洁化、低碳化的重要测度。

在发展路径的 4 个指标中，在短期内能够见效、也最能体现经济发展质量提高和产业结构高度化的是能源强度下降率，对此在后面的章节中将专门研究其影响因素的贡献。

尽管各地资源禀赋存在差异，但对于绝大多数国家而言，工业化过程中能源消费的基本路径不会改变，即：完全消费化石能源→以化石能源（以煤为主或以油气为主）

消费为主→多元化（核能、化石能源、水能、太阳能、生物质能等）的能源消费→以清洁的可再生能源消费为主（进入低碳社会）。对应按工业化程度划分的社会形态为：早期工业社会→中期工业社会→后工业社会→低碳社会。

由上述经济发展路径的划分，最理想的可持续经济发展路径为"绿色低碳节能减排"。从对碳排放（能源消费）规律的研究和英国发展路径的总结中初步判断，进入后工业化国家的发展路径比较接近这种方式。对于后发地区，工业化仍然是不可逾越的过程，所能做的只是缩短工业化初期、中期和后期的时间长度，增加人均植被、改善碳汇能力、降低碳强度和人均碳排放峰值的高度。

对经济发展路径所做的分类，其优点在于：第一，将定性的描述以简洁的方式转变为直观的定量模型，丰富了发展经济学的理论；第二，各指标具有可观测性，容易区分好的经济发展方式和坏的经济发展方式；第三，将要素质量的提高、生态环境的改善、能源使用效率的提高、产业结构的高度化以内生的方式涵盖其中；第四，可用于监测宏观经济发展的质量，作为预警系统的重要组成部分；第五，形式灵活，在某些指标无法获取的情况下，可以调整模型。但也存在不足：一是没有将经济系统中如资金、产业结构调整等因素纳入其中，容易使人产生误解；二是在现有技术条件下，第二个指标不便于测度，因为单位植被的碳承载变化率（碳汇率）需要一定的技术手段才能测定。此时，可以将第一个指标和第二个指标合并讨论；三是模型的导出一般以1年为单位，时间跨度过长会产生误差。尽管如此，这种路径分类不失为一种有益的尝试。

4.4 小结

本章首先系统回顾经济发展路径的相关理论，从能源生态环境和经济系统演变的视角，以英国为完成工业化的发达国家典型代表，经过深入剖析在不同约束条件下的经济发展路径后，以资源约束下的内生增长模型为基础，从全新的视角对工业化不同阶段经济发展路径做出分解，在理论上将经济发展划分为若干不同的路径，其中"绿色低碳节能减排"是最理想的、具有可持续性的经济发展路径，同时指出结构分解的优势与不足。

下一章，我们将进一步分别从发达国家和发展中国家选择8个样本，分析这些国家在1972—2009年的经济发展运行轨迹，通过经验研究验证理论分解方法的科学性、合理性和可行性。

参 考 文 献

[1] 简新华, 李延东. 中国经济发展方式根本转变的目标模式、困难和途径[J]. 学术月刊, 2008 (8).
[2] 王一鸣. 加快推进经济发展方式的"三个转变"[J]. 宏观经济管理, 2008 (1).
[3] Romer P M. Endogenous technological change[J]. Journal of Political Economy, 1990, 98 (5): 71~102.
[4] Grossman, G, Helpman E. Innovation and growth in the global economy [M]. Cambridge: MITPress, 1991.
[5] 汪丁丁. 近年来经济发展理论的简述与思考[J]. 经济研究, 1994 (7).
[6] Barrett S. Economics growth and environment preservation[J]. Journal of Environmental Economics and Management, 1992 (23): 289~300.
[7] Elisabetta Magnani. The Environmental Kuznets Curve: development path or policy result? [J]. Environmental Modelling & Software, 2001 (16): 157~165.
[8] Eric F. Lambin, Patrick Meyfroidt. Land use transitions: Socio – ecological feedback versus socio – economic change[J]. Land Use Policy, 2010 (27): 108~118.
[9] Kaoru Sugihara. The East Asian Path of Economic Development[J]. The Annual Report of Osaka University, 2003 (5).
[10] Nathan Nunn. The Importance of History for Economic Development[R]. Working Paper, National Bureau of Economic Research, 2009.
[11] 余江, 叶林. 资源约束、结构变动与经济增长[J]. 经济评论, 2008 (2).
[12] 胡健, 董春诗. 基于自然资源约束的内生经济增长路径研究[J]. 统计与信息论坛, 2009 (9).
[13] 张敬一, 李寿德, 王道臻. 基于环境质量的动态经济最优增长路径[J]. 系统管理学报, 2009 (10).
[14] 赵德馨. "之"字路及其理论结晶[J]. 中南财经大学学报, 1999 (6).
[15] 赵德馨, 乔吉燕. 中国经济发展的路径、成就与经验[J]. 贵州财经学院学报, 2009 (5).

附录

英国初次能源消费构成（1968—2013 年） 单位：Mtoe（百万吨油当量）

年份	石油	天然气	煤炭	水电	核电	能源总消费量
1968	90.4	2.7	104.5	0.8	5.9	204.3
1969	97.3	5.3	101.8	0.7	6.6	211.8
1970	103.6	10.2	96.0	1.0	5.9	216.7
1971	104.3	16.4	85.1	0.8	6.2	212.8
1972	110.5	23.3	74.5	0.8	6.6	215.8
1973	113.2	25.2	80.7	0.9	6.3	226.3
1974	105.3	30.1	71.1	0.9	7.6	215.0
1975	92.0	31.6	71.5	0.9	6.9	202.8
1976	91.4	33.5	72.8	1.0	8.2	206.8
1977	92.0	35.6	73.0	0.9	9.1	210.6
1978	94.0	36.9	71.1	0.9	8.4	211.4
1979	94.5	40.4	76.5	1.0	8.7	221.1
1980	80.8	40.3	71.1	0.9	8.4	201.4
1981	74.7	40.9	70.7	1.0	8.6	195.8
1982	75.6	40.6	65.9	1.0	10.0	193.1
1983	72.4	42.4	66.5	1.0	11.3	193.7
1984	89.6	43.4	47.3	1.0	12.2	193.5
1985	77.4	46.6	62.9	0.9	13.8	201.7
1986	77.4	47.4	67.9	1.1	13.4	207.1
1987	75.2	48.7	69.6	0.9	12.5	206.9
1988	80.0	46.4	67.5	1.1	14.4	209.3
1989	81.7	45.3	65.0	1.1	16.2	209.4
1990	82.9	47.2	64.9	1.2	14.9	211.2
1991	82.5	51.0	65.1	1.0	16.0	215.7
1992	83.6	50.7	61.2	1.2	17.4	214.3
1993	84.0	57.8	53.3	1.0	20.2	216.6

续表

年份	石油	天然气	煤炭	水电	核电	能源总消费量
1994	82.9	59.5	49.7	1.2	20.0	213.8
1995	81.9	63.5	47.5	1.1	20.1	214.6
1996	83.9	73.9	44.4	0.8	21.4	225.0
1997	81.3	76.0	39.6	0.9	22.2	220.8
1998	80.7	79.1	38.6	1.2	22.5	222.9
1999	79.4	84.2	34.3	1.2	21.5	221.7
2000	78.6	87.2	36.7	1.2	19.3	224.1
2001	78.4	86.7	38.9	0.9	20.4	226.7
2002	78.0	85.6	35.7	1.1	19.9	221.9
2003	79.0	85.8	38.1	0.7	20.1	225.6
2004	81.7	87.7	36.6	1.1	18.1	227.4
2005	83.0	85.5	37.4	1.1	18.5	228.3
2006	82.3	81.1	40.9	1.0	17.1	225.6
2007	79.2	81.9	38.4	1.2	14.3	218.4
2008	77.9	84.5	35.6	1.2	11.9	214.9
2009	74.4	78.0	29.6	1.2	15.6	203.6
2010	73.5	84.6	31.0	0.8	14.1	209.0
2011	71.6	72.2	30.8	1.3	15.6	198.2
2012	71.0	66.3	39.1	1.2	15.9	201.6
2013	69.8	65.8	36.5	1.1	16.0	200.0

数据来源：BP 石油公司。

第 5 章 经济发展路径的经验研究

经济发展的理论路径是否可行,需要在实际中做出验证。本章分别从发达国家和发展中国家选择人口规模上千万的 8 个样本国家,以年度为时间间隔,分析这些国家在 1972—2009 年的经济发展轨迹,说明这种发展路径理论划分方式的科学性和应用价值。启示中国不同发展程度的地区在转变经济发展方式过程中,需要从实际出发,选择适合自身特点的发展路径。同时强调以目前的技术水平和可控能力,对中国这样的发展中国家,短期内在保持经济增长的前提下,降低能源强度是转变经济发展方式过程中最为可行的途径。

5.1 发达国家经济发展路径检验

经济发展路径的理论分解在现实中是否存在,能否合理解释和刻画各经济体的现实经济发展路径?要回答这些问题,只有通过对各地经济运行轨迹检验,才能验证其科学性。为此,我们首先选择 8 个发达国家,对经济发展方式理论路径进行检验。

5.1.1 样本与模型选择

分别从人口规模在 1000 万[①]以上的发达国家中选取法国、德国、意大利、日本、荷兰、西班牙、英国、美国 8 个国家,其中包括了《京都议定书》的缔约国和退出议定书的美国。选取的样本国家经济规模足够大,具有代表性,对中国发达地区的能源消费控制具有借鉴意义和参考价值。诚然,经济发展过程极其复杂,世界经济一体化的进程使各经济体对于内生和外生的冲击有联动性,出现如金融危机、石油危机等系统性风险时都在发展路径上留下过痕迹。但这些冲击也会变成转变发展方式的契机或改变发展路径的拐点。因此,通过经济发展轨迹检验发展路径对于实现减排目标、控

---

① 以 1971 年人口数为基准。

制能源消费有重要的理论和实际价值。根据数据的可得性，样本的时间区间选择为1971—2009 年（数据见本章附录）。

进入后工业社会的发达国家，具有人均收入水平高、人均碳排放量大、能源强度相对较低的特点。以美国为例，1971—2009 年美国人均收入由 1.862 万美元增加到 3.694 万美元，人均收入翻一番，人均碳排放由 20.66t CO_2 下降到 16.9t CO_2[①]，能源强度由每万美元 4.1toe 下降到 1.9toe，单位能耗碳排放量由 2.7 下降到 2.4。在所有样本国家中，2009 年人均收入、人均碳排放最高的是美国，能源强度最低（仅 1.1）的是英国和意大利，单位能耗碳排放最低（1.38）的是法国，这与法国大规模使用核电有关。

因缺少各国森林面积年度变化数据，并且该指标年度变化很小，我们将模型简化为

$$\dot{I}_{g/p} = \dot{I}_{e/p} - (\dot{I}_{n/g} + \dot{I}_{e/n})$$

其中右端的第一个指标表示人均碳排放变化率，如果增高仍称为高碳，降低则称为低碳，其他指标解释不变，经济发展分解为 8 种路径。

5.1.2　路径检验

应用上述模型对所选的 8 个发达国家在 1972—2009 年的发展路径进行检验，路径如图 5.1。

在 1972—2009 年的 38 年间，上述理论上的 8 种经济发展路径在发达国家都出现过。此间，全球经历过石油和金融两次大危机，主要发达国家经济都受到不同程度的冲击，出现过倒退，其中负增长年数最少的法国有 4 年，德国、意大利、日本、荷兰和西班牙有 6 年，美国有 7 年，英国有 8 年。按经济发展的基本要求，扣除负增长年份后，法国在 34 年中有 16 年、德国在 32 年中有 17 年、意大利在 32 年中有 6 年、日本在 32 年中有 8 年、荷兰在 32 年中有 7 年、西班牙在 32 年中有 5 年、英国在 30 年中有 14 年、美国在 31 年中有 11 年都是以"低碳节能减排"的路径发展。如果以出现的频数排序，则依次为：德国、法国、英国、美国、日本、荷兰、意大利和西班牙。

[①] 美元按 2000 年 PPP 核算，计量单位为万美元（10^4 \$）。碳排放按二氧化碳计量，单位为吨（tco_2）。能源按吨油当量（toe）计量。因计量方式和单位不同，与之前的值有差别。为节省篇幅，后面不再标注单位。

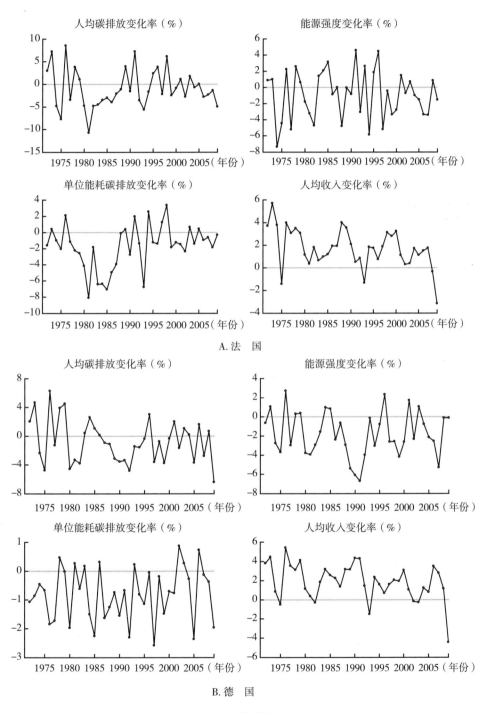

图 5.1 发达国家经济发展路径（1972—2009）

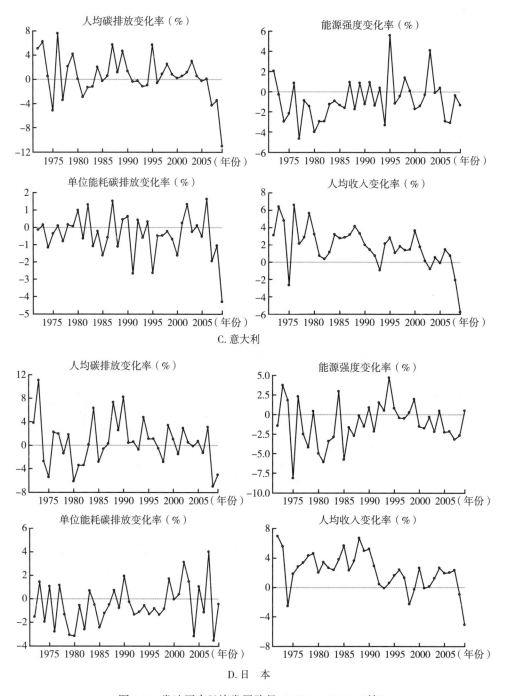

C. 意大利

D. 日 本

图 5.1 发达国家经济发展路径（1972—2009）（续）

第 5 章 经济发展路径的经验研究

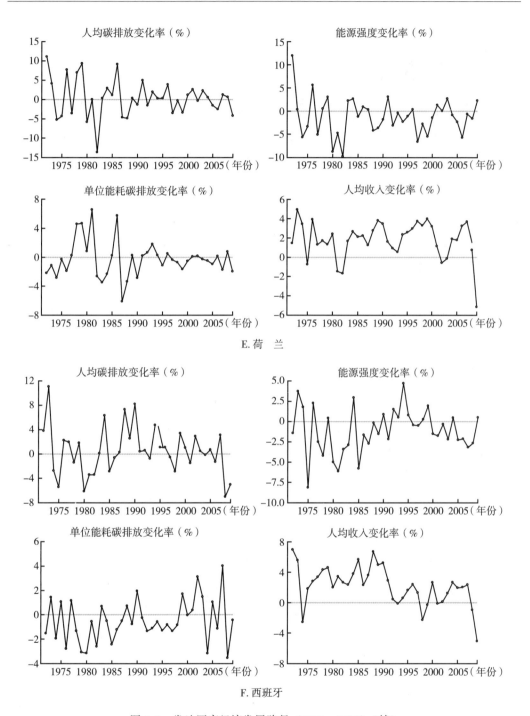

图 5.1 发达国家经济发展路径（1972—2009）（续）

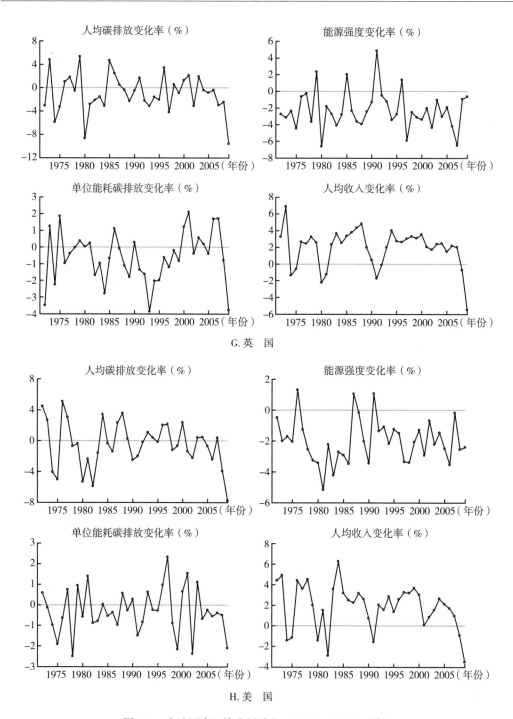

图 5.1　发达国家经济发展路径（1972—2009）（续）

8个发达国家不同发展路径统计如表5.1。

表5.1 8个发达国家不同经济发展路径统计（年）

	法国	德国	意大利	日本	荷兰	西班牙	英国	美国	合计	比重(%)
低碳节能减排	16	17	6	8	7	5	14	11	84	32.81
低碳节能增排	3	3	3	2	4	1	4	4	24	9.38
低碳耗能减排	3	0	2	1	1	2	0	0	9	3.52
低碳耗能增排	0	0	0	0	0	0	0	0	0	0.00
高碳节能减排	0	3	6	6	4	3	4	5	31	12.11
高碳节能增排	3	3	9	7	5	5	5	9	46	17.97
高碳耗能减排	5	7	4	6	5	8	2	2	39	15.23
高碳耗能增排	4	1	3	2	6	8	1	0	25	9.77
小计	34	34	33	32	32	32	30	31	256	100.00

注：表中未列出经济负增长的年数，2002年荷兰发展路径为"低碳耗能增排"，经济负增长。

意大利、西班牙、荷兰及日本的发展路径在发达国家略微落后，可持续性有待加强，在经济发展水平上也显示了这一结果（见附录）。显然，"低碳节能减排"在全部国家的统计年份中占32.81%，是频率最高的路径，已经成为法国、德国、英国和美国等发达国家的主要路径；其次是"高碳节能增排"和"高碳耗能减排"，分别占17.97%和15.23%。

5.2 发展中国家经济发展路径检验

对发达国家的检验说明了经济发展路径所具有的科学性，该路径对发展中国家是否适用，也只有通过对各地经济运行轨迹检验才能做出回答。为此，笔者进一步选择8个发展中国家，对经济发展的理论路径进行验证。

5.2.1 样本与模型选择

为了便于比较，仍然从人口规模在1000万[①]以上的国家中选取8个发展中国家，

---

① 以1971年人口数为基准。

包括孟加拉国、巴西、印度、印度尼西亚、尼日利亚、巴基斯坦、中国和南非。选取的样本国家涵盖了主要发展中国家所在的各洲，具有较强的代表性，对中国欠发达地区的经济发展方式转变更具有参考价值。根据数据的可得性，样本的时间区间选择为1971—2009 年。

由于发展中国家尚处在工业社会初期或中期，人均收入水平低、人均碳排放量较小、能源强度相对较高。各国能源消费结构不同，单位能耗碳源差别较大。在 8 个发展中国家，2009 年人均收入、人均碳排放、能源强度、单位能源碳排放最低的分别是尼日利亚、巴西、孟加拉国、尼日利亚。最高的分别是南非、中国、尼日利亚、南非。

因缺少各国森林面积年度变化数据，选择的分解模型同 5.1。

5.2.2 路径检验

处在工业化过程初、中期的发展中国家，提高人均收入是其发展的主题。人口增长快、人均收入水平低、经济发展波动大、人均碳排放处于上升期，能源利用效率有待进一步提高，能源结构仍需进一步改善，产业结构需要进一步升级。各发展中国家的发展路径如图 5.2。

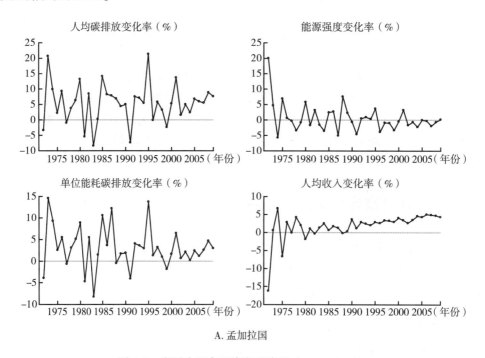

A. 孟加拉国

图 5.2　发展中国家经济发展路径（1972—2009）

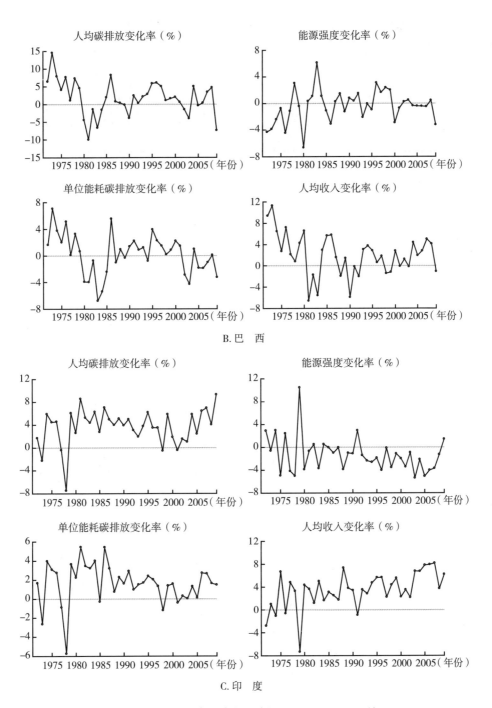

图 5.2 发展中国家经济发展路径（1972—2009）（续）

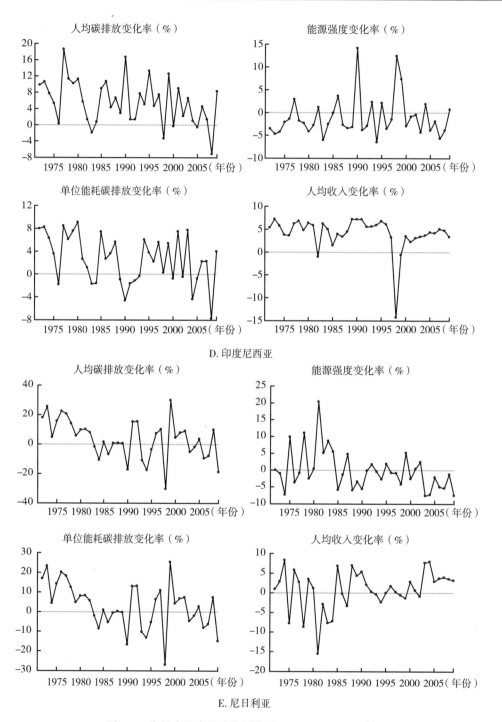

D. 印度尼西亚

E. 尼日利亚

图 5.2 发展中国家经济发展路径（1972—2009）（续）

第 5 章 经济发展路径的经验研究

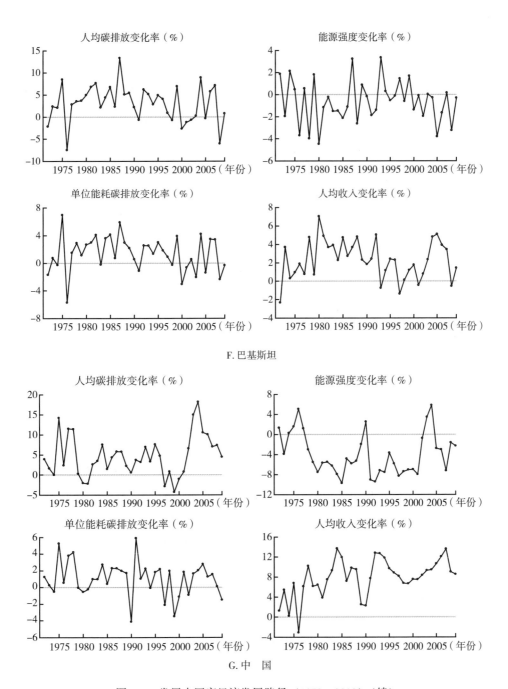

图 5.2 发展中国家经济发展路径（1972—2009）（续）

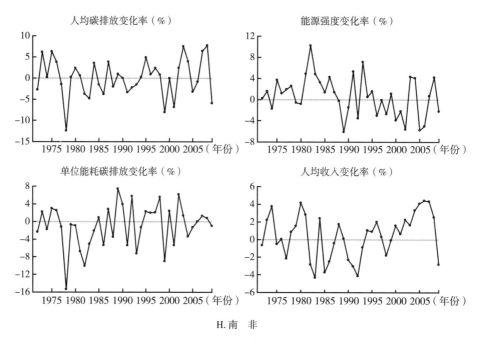

H. 南 非

图 5.2 发展中国家经济发展路径（1972—2009）（续）

1971 年，孟加拉国人均收入为 0.1061 万美元，到 2009 年也只达到 0.2037 万美元，在样本期内有 6 年人均收入下降，其中 1972 年比 1971 年下降 16%[①]，经过 20 年发展，直至 1990 年才恢复到 1971 年的水平。在 38 年的发展中有 11 年为"高碳耗能增排"、16 年为"高碳节能增排"，粗放是其主要特征，但也有 4 年间断地按"低碳节能减排"的路径发展；巴西 1971 年的人均收入达 0.4170 万美元，2009 年为 0.8530 万美元，期间有 12 年出现经济衰退，在余下的 26 年中有 12 年经济以"高碳节能增排"的路径发展且最长持续时间有 6 年，在 1980 年、1989 年、2005 年按"低碳节能减排"的路径发展；印度 1971 年人均收入为 0.111 万美元，2009 年为 0.395 万美元，增长近 3 倍，有 5 年经济出现衰退，在另外的 33 年中有 24 年以"高碳节能增排"的路径发展，显然是其主要发展路径，有 5 年出现"低碳节能减排"；印度尼西亚 1971 年人均收入 0.09 万美元，2009 年达到 0.408 万美元，增长 3 倍多，有 3 年出现负增长，其中 1998 年出现严重倒退，主要的经济发展路径为"高碳节能增排"，在 35 年的发展中有 18 年按这种路径发展，有 4 年间断出现"低碳节能减排"；尼日利亚 1971 年人均收入为 0.09 万美元，到 2009 年只有 0.116 万美元（低于中国人均收入最低的贵州），38 年

---

① 1971 年，孟加拉国独立，同年爆发印度与巴基斯坦战争，经济受到重创。

仅增长不到30%，其中有14年出现衰退，是典型的贫困且发展缓慢的大国，"高碳节能增排"是其主要路径；巴基斯坦1971年人均收入为0.098万美元，2009年达到0.233万美元，发展较为缓慢，有5年出现负增长，在发展的33年中有15年呈现"高碳节能增排"，是其主要发展路径；中国1971年人均收入只有0.053万美元，是当时所有16个样本国家中最低的，经过38年的发展，2009年收入达到0.916万美元，只在1976年出现负增长，成为发展最快的国家，其主要发展路径为"高碳节能增排"，在发展的37年中有21年为这种路径，有5年出现"低碳节能减排"的路径，但最长持续时间只有两年；南非在发展中国家中起点最高，1971年人均收入为0.918万美元，到2009年达到1.071万美元（与中国东部沿海地区相当），仅增长17%，在所有16个样本国家中发展最慢，在38年中有14年经济衰退，发展路径较乱，理论上的8种路径都经历过[①]，在发展时期以"高碳耗能增排""高碳节能增排"和"高碳耗能减排"为主。

8个发展中国家经济发展路径发生的频数如表5.2所示。

表5.2 8个发展中国家的经济发展路径统计（年）

	孟加拉国	巴西	印度	印度尼西亚	尼日利亚	巴基斯坦	中国	南非	合计	比重(%)
低碳节能减排	4	3	5	4	6	5	5	3	35	14.34
低碳节能增排	1	2	0	0	0	1	0	2	6	2.46
低碳耗能减排	0	0	0	0	0	0	1	1	2	0.82
低碳耗能增排	0	0	0	0	0	0	0	1	1	0.41
高碳节能减排	0	4	1	6	1	2	4	3	21	8.61
高碳节能增排	16	12	24	18	13	15	21	4	123	50.41
高碳耗能减排	0	1	0	3	0	2	1	4	11	4.51
高碳耗能增排	11	4	3	4	4	8	5	6	45	18.44
小计	32	26	33	35	24	33	37	24	244	100.00

表5.2直观地反映出发展中国家的主要发展路径为"高碳节能增排"，占8个发展中国家发展年份的50.41%，是常态路径；其次是"高碳耗能增排"，占18.44%。尽管在发展路径中也出现了"低碳节能减排"，但最长的持续时间只有两年，不具备可持续性。

---

① 1985年，南北经济负增长，经济运行在罕见的"低碳耗能增排"路径。

对于受外部冲击较小的国家，经济发展路径以"高碳节能增排"为主，逐渐向"高碳节能减排"过渡，但呈现出多样化，这符合从工业化初中期向工业化中后期转变的特征。

5.3 经济发展路径分解对中国的启示

上述分析表明，理论上的各种路径在现实中都存在，"低碳节能减排"这种最具有可持续性的经济发展路径已成为发达国家的主要发展路径，而发展中国家的主要路径是"高碳节能增排"，该结论对于中国各地区转变经济发展方式有着重要的启示和借鉴作用。

到2014年，北京、上海、天津、江苏、浙江、内蒙古、辽宁、山东、福建和广东等地区人均收入已经陆续超过1万美元，相当于发达国家在20世纪70年代的收入水平，逐步进入后工业社会早期。根据经济发展理论路径和发达国家的实践，人均碳排放将迎来峰值，但有所不同的是，在减排外力作用下，峰值水平应比发达国家低，经过峰值后，碳排放对应的能源消耗将由经济增长的动力转变为阻力（为负）。随着产业结构调整、技术接近前沿，能源强度下降较慢，单位能耗碳排放下降取决于能源结构的改善程度。总体而言，经济增长速度将放缓，"十二五"前4年的增长情况也证实了这一判断。只有进一步调整产业结构、提高能源使用效率、改善能源消费结构、提高生态环境质量，才有可能按照"绿色低碳节能减排"的路径发展，率先实现经济发展方式的转变，走可持续发展之路。

中部地区处在工业化中期，发展路径存在波动性，人均碳排放客观上还处在上升过程中。由于人口处在增长期，碳排放量增长率超过人口增长率，能源消耗推动工业化发展，经济增长的主要动力仍然是大量的能源消费。能源强度通过快速下降期后逐步转入下降较慢时期，但能源消耗仍然是经济增长的驱动力之一，单位能耗碳排放的下降主要由能源消费结构的改善程度决定。根据国家中长期能源发展战略和能源结构调整目标，该指标将继续下降，成为经济较快增长的又一驱动力。中部地区在未来一段时间应保持较高的增长。

西部地区处在由工业化初期转入中期阶段，人均碳排放增长较快，成为经济增长的主要动力之一。与人均碳排放较快增加对应的是产业结构的较快转移，重化工业在这些地区占比较大，化石能源产业是这些地区的支柱产业之一，从理论上讲，如果是相对独立的经济体，能源强度应处于快速下降时期，但是作为一个大国中的行政区域，按照国家能源战略总体布局，生产的化石能源中大部分是向中东部地区输送轻碳能源，因此，能源强度处在较高水平，下降率会小于理论值，但能源强度下降仍然是驱动经济增长的又一个主要动力。单位能源碳排放同样将处在较高水平，其下降程度取决于低碳能源所占比重增加的快慢，上升和下降都有可能。如果上升，会阻碍经济发展，反之则将推动经济发展。总体而言，西部地区依靠推进工业化，在工业化中期应保持较高较长的增长过程。

此外，特别值得一提的是，经济发展需要以社会稳定为前提，社会动荡、政局混乱只能阻碍经济发展，形成混乱的发展路径。经济发展中的系统性冲击也会扭曲经济发展路径。

对比发达国家和发展中国家经济发展路径，"低碳节能减排"正在成为发达国家的现实，也将成为发展中国家的未来。发展中国家和地区在转变经济发展方式过程中，客观上存在人均碳排放增加的过程，在经济发展路径中，短期内最能够见效、并能全面反映经济发展质量和产业结构调整效果的是能源强度下降率。面对全球减排约束，在转变经济发展方式过程中，处在不同发展阶段的地区需要选择适合自己的经济发展路径，遵循经济过程中的规律，并不断调整到理想路径上。

5.4 小结

本章利用经济发展理论路径的分解结果，分别从发达国家和发展中国家选择 8 个样本，以年度为时间间隔，分析这些国家在 1972—2009 年的发展轨迹。结果表明，在理论上存在的发展路径在这些国家都得到了验证，说明这种划分方式的科学性和应用价值，为中国不同发展程度地区转变经济发展方式、有效控制能源消费提供了有益的借鉴和启示。同时指出，以目前的技术水平和可控能力，对中国这样的发展中国国家，短期内在保持经济增长的前提下，降低能源强度是转变经济发展方式过程中最为可行的途径。

下一章，我们将进一步重点研究发展路径中的要素之一——能源强度下降的影响因素。采用完全因子分解法，选择适合的因子，以中国欠发达的贵州省作为分解对象，得出影响能源强度下降的主要因子。

附录

人均收入(万美元/人)2000年不变价

	法国	德国	意大利	日本	荷兰	西班牙	英国	美国
1971	1.391	1.362	1.273	1.184	1.599	1.041	1.373	1.862
1981	1.812	1.764	1.752	1.623	1.915	1.285	1.597	2.292
1991	2.180	2.276	2.227	2.406	2.331	1.709	2.052	2.779
2001	2.556	2.622	2.604	2.558	2.975	2.185	2.661	3.507
2009	2.639	2.74	2.451	2.665	3.182	2.296	2.820	3.694

人均收入(万美元/人)2000年不变价

	孟加拉国	巴西	印度	印度尼西亚	尼日利亚	巴基斯坦	中国	南非
1971	0.106	0.417	0.111	0.09	0.09	0.098	0.053	0.918
1981	0.097	0.638	0.124	0.154	0.082	0.123	0.08	1.034
1991	0.109	0.646	0.165	0.24	0.084	0.169	0.175	0.887
2001	0.146	0.714	0.245	0.299	0.085	0.189	0.424	0.882
2009	0.204	0.853	0.395	0.408	0.116	0.233	0.916	1.071

人均收入增长率（%）

	法国	德国	意大利	日本	荷兰	西班牙	英国	美国
1972	3.7	3.8	3.1	7.0	1.5	7.2	3.3	4.4
1973	5.7	4.5	6.4	5.6	4.9	6.8	6.9	4.9
1974	3.8	0.9	4.8	-2.6	3.4	4.6	-1.4	-1.4
1975	-1.4	-0.5	-2.7	1.8	-0.7	-0.5	-0.6	-1.2
1976	4.0	5.4	6.6	2.8	3.9	2.1	2.7	4.4
1977	3.1	3.5	2.1	3.4	1.3	1.6	2.4	3.6
1978	3.5	3.1	2.9	4.3	1.7	0.3	3.3	4.5
1979	3.1	4.1	5.7	4.6	1.3	-0.8	2.6	2.0
1980	1.2	1.2	3.2	2.0	2.4	1.1	-2.2	-1.4
1981	0.4	0.4	0.7	3.4	-1.5	-0.7	-1.3	1.5
1982	1.8	-0.3	0.4	2.7	-1.7	0.7	2.3	-2.9
1983	0.7	1.8	1.1	2.4	1.7	1.3	3.6	3.6
1984	1.0	3.2	3.2	3.8	2.7	1.4	2.5	6.3
1985	1.2	2.6	2.8	5.7	2.1	1.9	3.4	3.2
1986	1.9	2.3	2.9	2.3	2.2	2.9	3.8	2.5
1987	1.9	1.4	3.2	3.6	1.3	5.3	4.3	2.2
1988	4.0	3.2	4.1	6.7	2.8	4.9	4.8	3.2
1989	3.6	3.2	3.3	5.0	3.8	4.6	2.0	2.6
1990	2.1	4.3	2.0	5.2	3.5	3.6	0.5	0.7

	孟加拉国	巴西	印度	印度尼西亚	尼日利亚	巴基斯坦	中国	南非
1972	-16.2	9.4	-2.8	5.4	1.0	-2.3	1.3	-0.6
1973	0.6	11.3	1.0	7.2	2.9	3.7	5.5	2.2
1974	6.7	6.5	-1.1	5.8	8.3	0.3	0.2	3.8
1975	-6.6	2.8	6.7	3.8	-7.8	1.0	6.6	-0.5
1976	2.9	7.2	-0.6	3.6	5.9	1.9	-3.1	0.1
1977	0.0	2.2	4.8	6.2	2.8	0.8	6.1	-2.2
1978	4.2	0.8	3.3	6.8	-8.7	4.8	10.2	0.9
1979	2.0	4.3	-7.4	4.8	3.5	0.7	6.2	1.5
1980	-1.8	6.6	4.4	6.4	1.2	7.1	6.5	4.2
1981	1.1	-6.6	3.7	5.9	-15.5	4.9	3.9	2.8
1982	-0.3	-1.7	1.2	-1.0	-2.9	3.7	7.5	-2.8
1983	1.3	-5.6	5.0	6.2	-7.7	3.9	9.3	-4.3
1984	2.5	3.0	1.7	5.0	-7.3	2.3	13.7	2.4
1985	0.7	5.7	3.1	1.5	6.9	4.7	12.0	-3.7
1986	1.7	5.8	2.5	4.0	-0.2	2.7	7.2	-2.5
1987	1.3	1.6	1.8	3.4	-3.3	3.7	9.8	-0.4
1988	-0.2	-2.0	7.4	4.5	7.0	4.8	9.5	1.7
1989	0.3	1.4	3.8	7.2	4.4	2.3	2.5	0.1
1990	3.6	-5.9	3.4	7.2	5.4	1.8	2.3	-2.3

续表

	法国	德国	意大利	日本	荷兰	西班牙	英国	美国
1991	0.5	4.3	1.4	2.9	1.6	2.4	-1.7	-1.6
1992	0.9	1.5	0.7	0.4	0.9	0.7	-0.1	2.0
1993	-1.3	-1.5	-0.9	-0.1	0.5	-1.2	2.0	1.5
1994	1.8	2.4	2.1	0.6	2.4	2.2	4.0	2.9
1995	1.8	1.6	2.8	1.6	2.6	2.6	2.8	1.3
1996	0.8	0.7	1.1	2.4	3.0	2.2	2.6	2.6
1997	1.9	1.6	1.8	1.3	3.7	3.6	3.0	3.3
1998	3.1	2.1	1.4	-2.3	3.3	4.1	3.3	3.2
1999	2.8	1.9	1.4	-0.3	4.0	4.2	3.1	3.7
2000	3.2	3.1	3.6	2.7	3.2	4.2	3.6	3.0
2001	1.1	1.1	1.8	-0.1	1.2	2.5	2.1	0.1
2002	0.3	-0.2	0.1	0.1	-0.6	1.2	1.7	0.8
2003	0.4	-0.3	-0.8	1.2	-0.1	1.4	2.4	1.5
2004	1.7	1.2	0.5	2.7	1.9	1.6	2.5	2.6
2005	1.1	0.8	-0.1	1.9	1.8	1.9	1.5	2.1
2006	1.5	3.5	1.5	2.0	3.2	2.4	2.2	1.7
2007	1.8	2.8	0.7	2.4	3.7	1.7	2.0	0.9
2008	-0.3	1.2	-2.1	-1.0	1.5	-0.7	-0.7	-0.9
2009	-3.2	-4.4	-5.8	-5.1	-4.4	-4.4	-5.5	-3.5
	孟加拉国	巴西	印度	印度尼西亚	尼日利亚	巴基斯坦	中国	南非
1991	1.2	-0.2	-0.9	7.2	2.1	2.4	7.7	-3.0
1992	2.9	-2.0	3.5	5.6	0.3	5.0	12.8	-4.2
1993	2.5	3.1	2.8	5.6	-0.3	-0.8	12.7	-0.9
1994	2.0	3.8	4.7	5.9	-2.4	1.2	11.8	1.1
1995	2.9	2.9	5.7	6.8	0.0	2.4	9.7	0.9
1996	2.6	0.6	5.7	6.1	1.8	2.3	8.9	2.0
1997	3.4	1.8	2.3	3.2	0.2	-1.4	8.2	0.3
1998	3.3	-1.4	4.4	-14.3	-0.6	0.1	6.8	-1.8
1999	2.9	-1.2	5.6	-0.6	-1.3	1.2	6.7	-0.1
2000	4.0	2.8	2.3	3.5	2.9	1.8	7.5	1.6
2001	3.4	-0.1	3.5	2.3	0.6	-0.4	7.5	0.7
2002	2.6	1.2	2.2	3.1	-0.9	0.8	8.4	2.2
2003	3.5	-0.2	6.8	3.4	7.7	2.3	9.3	1.6
2004	4.5	4.4	6.7	3.7	8.0	4.8	9.4	3.3
2005	4.3	1.9	7.8	4.4	2.9	5.1	10.6	4.1
2006	5.0	2.8	7.9	4.2	3.7	3.9	12.1	4.4
2007	4.9	5.0	8.2	5.1	4.0	3.4	13.6	4.3
2008	4.7	4.1	3.7	4.8	3.6	-0.6	9.0	2.5
2009	4.3	-1.1	6.2	3.4	3.2	1.4	8.5	-2.8

第6章 能源强度下降因素分解

在不同发展阶段的可持续发展路径上,能源强度下降都是一个共同的重要环节,因此,研究影响能源强度下降的因素,找出提高能源使用效率的关键因子,将有助于促进能源强度下降、控制能源消费、实现减排目标。本章首先对能源强度变化因素分解理论和实证研究成果进行综述;其次根据实证研究的需要,采用完全指数变化因子分解法分解适宜的影响因子;最后,选择处在欠发达的全国能源基地[①]——贵州省作为研究对象,分析其能源强度特征,利用指数分解模型研究影响贵州省能源强度下降的因素,旨在为西部欠发达地区节能减排、转变经济发展方式以及选择发展路径提供科学的决策依据。

6.1 问题的提出与研究现状

6.1.1 问题的提出

能源强度是经济发展路径中的关键指标,是考察国家和地区经济发展能力、科技创新能力、产业结构和消费结构调整、管理效率的综合性变量,也是内生化的要素质量体现。从"十一五"规划开始,中央将能源强度作为硬约束指标分解到各个地区并纳入到对各级地方政府的考核中,实施效果较为明显。影响能源强度变化的因素众多,如何分辨其中的关键因素及其贡献,成为20世纪末以来能源经济学关注的重点问题之一。国内外学者采用不同的方法对能源强度下降的影响因素进行了较为广泛和深入的研究,得出了不尽相同的结论,但在现有研究中很少有针对欠发达地区的研究成果。进入"十二五"后,西部欠发达地区面临着经济发展与节能减排的多重压力,如何找准影响能源强度下降的关键因子,是值得深入研究的问题。

[①] 国务院关于进一步促进贵州经济社会又好又快发展的若干意见(国发〔2012〕2号)。

6.1.2　研究现状

对能源强度变化分解方法的研究发端于指数分解，指数分解方法可分为乘法分解和加法分解两大类。早在20世纪70年代，经济学家发现传统的Laspeyres和Paasche等指数分解方法受因子个数或时间离散性等约束，限制了它们在经济问题中的应用。因为按照Fisher（1922）[1]提出的指数分解5条检验准则，对于不同的经济行为主体，这些方法难以同时满足5条标准并且分解后存在残差，于是，客观上需要探寻新的指数分解方法。一些经济学家投入到该问题的研究中，如Samuelson和Swamy（1974）[2]对同质性经济指数和经典对偶性特征进行了总结，并将物价和物量所反映的因素分解问题置于效用分析的视野，使统计指数成为消费者需求与效用和生产者成本与收益分析中的重要工具。还特别就对偶形式的Divisia指数及其性质进行了梳理，发现Divisia指数在同质性条件下，数据在一个连续弧上取值时是一种方便的方法，但存在如变量连续可微的要求难以满足、指数为负不便处理等问题。此间，研究的重点是如何将指数问题转化为加权平均数形式，焦点集中在权重选择上。Theil（1973，1974）[3][4]给出了一种满足强因子逆检验的理想指数，但因所选择的权数形式复杂而难以推广使用。由于对数平均数形式简单，在对两个值作平均时，即便某个值较小，仍能在平均数中能较为灵敏地刻画较小值引起的变化，同时又与Theil权重刻画的结果非常接近，对数平均数自然就成为权重的一种理想选择。Kazuo Sato（1976）[5]和Vatia. Y（1976）[6]不约而同地将对数平均数作为权重引入到指数中，得到连续Divisia指数离散化对数变化指数，即理想对数指数，该理想指数有两个重要特性：价格指数和物量指数都满足因子逆检验、具有一致可加性。Diewert（1978）[7]进一步研究并证明这类高级指数具有一致性，且对基本可加函数有更为灵活的函数形式。但这段时间的成果只局限于对两个因素的分解，未能推广到两个以上因素的情形，存在的残差问题也未引起重视。

对指数变化分解理论研究在沉寂近20年后，随着能源和环境问题的突出，人们开始关注影响能源强度下降的因素问题，指数变化分解方法中的Divisia指数法成为一种选择，但原有成果中只考虑两个因素，显然难以满足能源经济问题的需求。20世纪90年代以来涌现出一批运用各种指数方法研究中国能源强度变化的成果并对指数分解方法问题有所研究，如Huang（1993）[8]利用乘法代数平均Divisia指数、Sinton和Levine（1994）[9]采用Laspeyres指数法对中国工业部门的能源强度变化进行分解，结论是能源强度下降主要源于技术革新。在能源强度下降因素分解方法上的实质性突破是Ang等（1998）[10]所做的工作，他们将对数均值运用到Divisia指数中并就多因素进行了分解，该方法克服了用算术均值函数构造的Laspeyres指数和之前的乘法Divisia指数方法存在的残差和不能处理数值为零的困难，创建出一种没有残差的完全因子分解法（Logarithmic Mean Divisia Index，LMDI），并在实证研究中以1985—1990年新加坡、中国、韩国的能源和环境指标数据为样本，对比各种指数分解方法所得结果后，认为LMDI在处理零值和无误差方面具有优势。很快，LMDI成为应用中的一种主要方法，但在该方法推导中由于隐去了重要过程，使他人在应用中出现因素选择不当等误用的情形。此后对中国能源影响因素的研究中，还出现了用不同分解方法得出的成果，如Zhang（2003）[11]以改进后的Laspeyres指数测算中国1990—1997年工业部门的能源使用情况，把工业能源消费分解为规模效应、结构效应和实际强度效应，发现实际强度效应是影响中国工业能源消费的主要因素。Fisher-Vanden等（2004）[12]利用1997—1999年中国近2500家工业企业的面板数据，研究中国能源的绝对消费水平和强度下降的原因，利用LMDI方法分解后发现工业企业能源强度变动过程中，随着结构分离的加速，由结构变动解释的成分较快上升，而企业产出比重的变动对能源强度下降有较强解释力，认为能源价格上涨、研发费用的增加和企业所有制的变动、工业结构的变动都是中国能源强度下降的原因。Chunbo Ma和DavidI. Stern（2006）[13]利用LMDI方法对中国1980—2003年能源强度变动进行因素分解，发现自2000年以来的能源强度出现上升的根源在于负的技术进步，各种能源间的替代效应对能源强度变动的贡献不显著。国内学者韩智勇等（2004）[14]考虑了结构和效率对能源强度的影响，将能源强度分解为结构和效率份额，对中国1998—2000年的能源强度变化影响因素分解后认为，能源强度下降的主要因素是各产业能源利用效率的提高，而能源利用效率提高的源泉是科技进步的加速和管理效率的提高。吴巧生等（2006）[15]将经济分为6个部门，用简单平均微分法及其分解模型对1980—2004年中国能源强度变化进行分解，同样认为能源利用效率的提高是能源强度下降的主要原因。齐志新等（2006）[16]应用Laspeyres因素分解法，分解1980—2003年中国能源强度，分析1993—2003年工业部门能源强度下降的原因，认为技术进步是能源效率提高的决定因素。吴滨等（2007）[17]比较了Laspeyres指数法和Divisia指数法，认为采用这两种因素分解模型存在对结构因素低估的倾向，提出在转型期应该分阶段对能源强度变化进行跟踪研究。李国璋等（2008）[18]利用LMDI方法，将区域因素纳入分析框架，对中国1995—2005年能源强度变动按区域进行分解，发现区域内技术进步因素是影响中国能源强度变动的重要因素。王群伟等（2009）[19]从能源效率角度采用DEA-Malmquist生产率指数法将全要素生产率分解为科技进步和技术效率两个部分，两者与能源效率存在长期均衡关系，并且对能源效率的改善富有弹性。吴巧生（2010）[20]用费雪指数分解模型，从产业层面考察了中国能源强度指数的变化及影响因素，认为中国能源效率得到了大幅度提高，在能源消耗强度下降的诸因素中效率份额的贡献占绝对主导，结构份额的影响较少。王双英等（2011）[21]以LMDI指数分解的中国石油消费影响因素分析认为，经济规模效应是造成中国石油消费增长的主要原因。

从上述采用指数分解模型的研究成果中可以发现，首先，LMDI指数分解成为一种主导方法，但是在实证研究中，部分成果采用的因子未必适合研究对象，且在重述该方法时省略了重要步骤，存在误用甚至错用的情形；第二，国内实证研究的成果主要集中在发达地区和全国范围，缺乏利用指数下降分解方法对贵州这样的欠发达地区能源强度下降因素研究的成果。因此，我们的研究将根据贵州省经济运行实际情况，选取适宜的影响因子，采用简洁的方法导出完全因子分解法并用于贵州省的实证研究，同时采用回归方法分析能源强度的回弹效应。

6.2 能源强度变化完全因子分解模型

完全因子分解（LMDI）模型的一个重要特点是可以根据研究的目的和需要，灵活地确定分解的重点因子，如为了重点分解产业变动对能源强度变化的影响，可以按产业结构、能源消费结构等分类。目前，欠发达地区产业结构和能源消费结构调整都是"十二五"期间经济工作的重点，而技术进步始终是经济增长的内生动力，根据这一工作重点需要，在对能源强度下降因子分解时，与之前学者分解有所不同的是，我们将产业分为两个层次，以各种能源之间可替代性作为反映能源消费结构变化的因素，并导出技术进步因子。产业分解的第一层次是三次产业、第二层次按三次产业内的行业分类，可替代的能源可以分为煤、油、气等，进而导出技术进步的影响。能源强度的加法形式为：

$$I = \frac{E}{G} = \sum_i \sum_j \sum_m \frac{E_{ijm}}{E_{ij}} \frac{E_{ij}}{G_{ij}} \frac{G_{ij}}{G_i} \frac{G_i}{G} \qquad \text{（式6-1）}$$

其中：I 是能源强度，E 是能源消耗量，G 是产出，G_i 是第 i 次产业的产出，G_{ij} 是第 i 次产业中第 j 个行业的产出，E_{ij} 是第 i 次产业中第 j 个行业的能源消耗，E_{ijm} 是第 i 次产业中第 j 个行业消耗的第 m 种能源。

令 $F_m = \dfrac{E_{ijm}}{E_{ij}}, I_{ij} = \dfrac{E_{ij}}{G_{ij}}, S_{ij} = \dfrac{G_{ij}}{G_i}, S_i = \dfrac{G_i}{G}$，

于是
$$I = \sum_i \sum_j \sum_m F_m I_{ij} S_{ij} S_i \qquad \text{（式6-2）}$$

其中：F_m 是第 ij 行业消费的能源中第 m 种能源所占的比重，I_{ij} 是行业 ij 的能源强度，S_{ij} 是行业 ij 在第 i 产业产出中所占的比重，S_i 是第 i 产业增加值在总产出中所占比重。

为便于分解，令 $w_{ijm} = F_m I_j S_j S_i$，

$$L(w_{ijm_{t-1}}, w_{ijm_t}) = \frac{w_{ijm_t} - w_{ijm_{t-1}}}{\ln(w_{ijm_t}/w_{ijm_{t-1}})}$$

对方程（式6-2）求导

$$\dot{I} = \sum_i \sum_j \sum_m \dot{F}_{ijm} I_{ij} S_{ij} S_i + \sum_i \sum_j \sum_m F_{ijm} \dot{I}_{ij} S_{ij} S_i + \sum_i \sum_j \sum_m F_{ijm} I_{ij} \dot{S}_{ij} S_i + \sum_i \sum_j \sum_m F_{ijm} I_{ij} S_{ij} \dot{S}_i$$

以增长率的形式将上式改写为

$$\dot{I} = \sum_i \sum_j \sum_m g_{F_{ijm}} W_{ijm} + \sum_i \sum_j \sum_m g_{I_{ij}} W_{ijm} + \sum_i \sum_j \sum_m g_{S_{ij}} W_{ijm} + \sum_i \sum_j \sum_m g_{S_i} W_{ijm}$$ （式6-3）

式中：g 表示要素的增长率。

对（式6-3）式两边积分得：

$$\begin{aligned}\Delta I_{tot} &= \sum_i \sum_j \sum_m L(w_{ijm_{t-1}}, w_{ijm_t}) \ln\left(\frac{F_{m_t}}{F_{m_{t-1}}}\right) + \sum_i \sum_j \sum_m L(w_{ijm_{t-1}}, w_{ijm_t}) \ln\left(\frac{I_{j_t}}{I_{j_{t-1}}}\right) + \\ &\quad \sum_i \sum_j \sum_m L(w_{ijm_{t-1}}, w_{ijm_t}) \ln\left(\frac{S_{j_t}}{S_{j_{t-1}}}\right) + \sum_i \sum_j \sum_m L(w_{ijm_{t-1}}, w_{ijm_t}) \ln\left(\frac{S_{i_t}}{S_{i_{t-1}}}\right) \\ &= \sum_i \sum_j \sum_m L(w_{ijm_{t-1}}, w_{ijm_t}) \ln\left(\frac{I_{j_t}}{I_{j_{t-1}}}\right) + \sum_i \sum_j \sum_m L(w_{ijm_{t-1}}, w_{ijm_t}) \ln\left(\frac{S_{i_t}}{S_{i_{t-1}}}\right) + \\ &\quad \sum_i \sum_j \sum_m L(w_{ijm_{t-1}}, w_{ijm_t}) \ln\left(\frac{S_{j_t}}{S_{j_{t-1}}}\right) + \sum_i \sum_j \sum_m L(w_{ijm_{t-1}}, w_{ijm_t}) \ln\left(\frac{F_{m_t}}{F_{m_{t-1}}}\right) \\ &= \Delta I_{tec} + \Delta I_{strs} + \Delta I_{stri} + \Delta I_{fls}\end{aligned}$$ （式6-4）

由此完成对能源强度变化的分解，这里 ΔI_{tec} 是全要素生产率的提高导致的强度变化，简化为技术进步因素，ΔI_{strs} 反映产业结构变化引起的强度变化，ΔI_{stri} 反映行业内部结构变化引起的强度变化，ΔI_{fls} 是不同能源之间的替代关系引起的强度变化。

在分解式中，还可以根据需要将指数分解中的因素进行替代和增减，如需要研究分地区能源消费对能源强度变化的影响，即可增加该因素，变成5因素的分解式等。

6.3　能源强度变化因素分解的实证研究

贵州省是我国能源基地和能源输出大省，较低的工业化程度和较高的人口密度（在31个省市区中列第18位，在西部仅次于重庆）预示着内生发展所需的潜在能源需求量较大，未来需要在能源的内生需求与清洁能源输出之间协调和平衡。前述对碳排放规律的研究已经发现，在工业化进入中后期之前，人均碳排放（化石能源消费）将一直处于上升期，但在进入工业化中期后能源强度将持续下降。贵州省经济发展方式较为粗放，人均收入不高，但也将进入能源强度持续下降的路径。抓住能源强度下降的关键因素，促进能源强度下降，就是抓住了经济发展方式向科学合理路径上转变的重要环节。

6.3.1 贵州省能源消费特点

贵州省作为西部地区欠发达、欠开发的能源大省，在"十一五"规划中的节能目标是20%，实际下降20.06%[22]，万元地区生产总值能耗由2005年的2.813（吨标准煤）下降为2010年的2.248（吨标准煤），在"十一五"期间节能效果好于全国。"十二五"前三年，其能源强度继续下降，2013年已经下降到1.99，有望实现预期节能目标，但能源强度在全国仅低于青海、宁夏，仍然属于典型的高能耗地区。贵州省是能源资源相对丰富的省份，其煤炭资源储量达497.28亿吨，位居长江以南地区之首，在全国排第五位，超过南方12省（区、市）煤炭资源储量的总和；其水电资源丰富，年水电资源经济可开发量752.42亿kWh，约占全国的5%①，是比邻重庆市的两倍。国家实施西部大开发战略后，贵州省充分发挥有水有煤、水火互济的能源优势，成为"西电东送"的主要省份，"十一五"期间贵州省累计外送广东电量超过2400亿kWh。随着重庆市在内陆地区中心城市地位的凸显，贵州省在今后还将承担向重庆输送能源的角色，为重庆市的大发展提供能源支持，事实上，目前重庆市已经在开发和利用贵州丰富的煤炭能源。因此，作为国家能源基地，贵州省"西电东送、南煤北运"的能源战略地位已经形成。尽管"十一五"以来，贵州省能源强度下降较快，但由于其特有的能源生产、消耗结构和产业结构，落后产能占比大，能源生产和消耗中煤炭占比高（见图6.1），经济发展长期依赖于高能耗，单位产能起点高，导致能源强度长期居高不下，是全国平均的两倍，也明显高于周边川、渝、云、桂、湘等省市区。2013年，随着中缅、渝黔输气管道开通，贵州省天然气消费量明显增加，能源消费结构有所改善，碳排放减少压力有所减缓。

对于依靠资源要素驱动经济发展的西部欠发达地区，近年来，贵州省在转变经济发展方式过程中进一步拓展节能空间、开发更多的可再生能源。作为国家能源基地，输出清洁能源意味承受着巨大的生态环境压力。为此，利用科学的方法分析在能源强度下降过程中各种要素所做的贡献，对于找到节能减排的核心因子、在2020年贵州省与全国同步实现小康目标、将经济发展方式转变到科学的路径上等都有着十分重要的意义。

---

① 中国经济信息网，2009年中国行业年度报告系列之可再生能源发电。

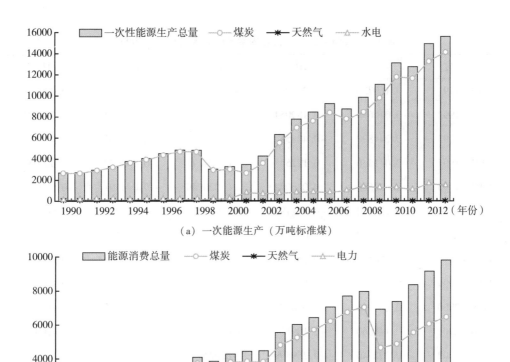

图 6.1 贵州省能源生产和消费总量及构成

数据来源：《贵州统计年鉴（2014）》。

6.3.2 贵州省能源强度变化分解实证研究结果

鉴于贵州省能源消费以煤电为主的特征，在此，我们选择贵州省 1990—2008 年的数据，利用完全因子分解（LMDI）模型对能源强度变化分解的结果，将产业划分为两个层次：第一层按传统划分方式分为第一、第二、第三产业；第二层中，第一产业分为农业和其他行业，第二产业分为工业和建筑业，第三产业将交通运输和仓储邮政合并为一个行业，其他合并为一个行业。同时考虑不同能源的可替代性，将消费的能源分为煤、电、油气共三类，为避免重复计算，保持平衡，在计算煤炭消费时剔除掉中间消费的电煤。利用（式 6-4）经过计算得出的分解结果如表 6.1。

表 6.1　贵州能源强度变化因素分解结果（1990—2008）

年　　度	ΔI_{tot}	ΔI_{tec}	ΔI_{strs}	ΔI_{stri}	ΔI_{fls}
1990—1991	0.160726	0.221833	-0.021732	-0.039391	0.000016
1991—1992	-0.016690	-0.189051	-0.011236	0.183594	-0.000002
1992—1993	-0.244890	-0.423554	0.002466	0.176505	-0.000309
1993—1994	0.011336	0.122548	0.027378	-0.138622	0.000033
1994—1995	0.022508	0.036048	0.020940	-0.034501	0.000021
1995—1996	0.153280	0.171198	-0.031394	0.013395	0.000081
1996—1997	-0.013030	-0.023237	-0.058737	0.068908	0.000034
1997—1998	-0.006380	-0.117736	-0.017724	0.129002	0.000074
1998—1999	-0.488740	-0.549336	-0.003365	0.070965	-0.007003
1999—2000	0.067956	-0.010672	0.002909	0.072933	0.002787
2000—2001	-0.148060	-0.189864	-0.017565	0.059535	-0.000171
2001—2002	-0.238540	-0.259499	-0.024958	0.045989	-0.000073
2002—2003	0.409522	0.327892	0.020461	0.060791	0.000377
2003—2004	-0.038750	-0.115563	0.037599	0.039180	0.000038
2004—2005	-0.170160	-0.268866	0.037725	0.061022	-0.000041
2005—2006	-0.026440	-0.079807	-0.010780	0.064212	-0.000063
2006—2007	-0.125260	-0.098746	0.007638	-0.033602	-0.000547
2007—2008	-0.178260	-0.184411	-0.003291	0.009524	-0.000084
1990—2008	-0.870000	-1.631000	-0.044000	0.809000	-0.005000

注：1. 数据来源于《贵州统计年鉴（1991—2009）》,《中国能源统计年鉴（1991—2009）》。

　　2. 全部能源折合成标准煤（换算系数参见本章附录），增加值按 2005 年可比价格计算。由于统计口径和计算误差，计算的能源强度变化值与统计值略有出入。

　　3. 正号表示上升，负号表示下降。

表 6.1 反映了贵州省 1990—2008 年逐年以及累计的能源强度及其因子变化，19 年间能源强度共下降 0.87 吨标准煤/万元产值，总体上呈现下降趋势，但其中有 6 年上升，特别是 1993—1996 年能源强度出现连续上升，其中的主要原因是体制转轨、大量高能耗冶炼企业涌现、技术含量较高的军工企业搬迁到城市或转移到省外、能源价格调整等。特别是 2003 年，为了适应国家产业结构调整和"西电东送"战略需要，贵州

省开始向两广地区大量输出电煤,省内以能源、原材料为主的新兴支柱产业迅猛发展,使 2003 年比 2002 年上升 0.41 吨标准煤/万元产值,过大的增幅将贵州省能耗推到一个高平台,此后呈现出稳定的下降趋势。从分解的因素中可以清楚地看到,技术进步与管理效率的提高对能源强度下降起到了决定性作用,三次产业之间的结构调整总体上使能源强度略有下降,这主要得益于此前贵州省加快发展第三产业、在产业结构调整中并未增加单位产出的能源消费。但各产业内部行业之间的调整提高了能源强度,因技术进步和效率提高而下降的能源强度有近一半为各产业内部行业之间调整所抵销。一个可喜的变化是,内部调整所造成的强度增加正在下降甚至直接使能源强度下降,如 2006—2007 年。该结果与实际情况基本吻合,因贵州省能源消耗的主要行业集中在工业,近年来为挖掘地区资源优势,能源、冶金、化工等高能耗行业在经济中的比重增大,在调整的初始时期增大能源强度,随着"十一五"期间节能减排刚性指标的分解,无论政府还是企业都比以前更加重视节能减排、降低能耗。因此,2003 年以来贵州省能源强度呈现出平稳下降之势。

为了便于观察,我们将能源强度变化情况转化为相对数形式,结果如表 6.2 所示,对应变化曲线见图 6.2。

表 6.2 能源强度变化相对数 (%)

年 度	ΔI_{tot}	ΔI_{tec}	ΔI_{strs}	ΔI_{stri}	ΔI_{fls}
1990—1991	100	138.0198	−13.5212	−24.5084	0.0098
1991—1992	100	1132.3973	67.3004	−1099.7125	0.0148
1992—1993	100	172.9556	−1.0068	−72.0747	0.1260
1993—1994	100	1081.0247	241.5086	−1222.8221	0.2888
1994—1995	100	160.1567	93.0338	−153.2839	0.0935
1995—1996	100	111.6895	−20.4812	8.7390	0.0527
1996—1997	100	178.3002	450.6899	−528.7317	−0.2584
1997—1998	100	1844.4418	277.6628	−2020.9399	−1.1647
1998—1999	100	112.3986	0.6886	−14.5200	1.4328
1999—2000	100	−15.7046	4.2803	107.3237	4.1006
2000—2001	100	128.2301	11.8628	−40.2086	0.1157
2001—2002	100	108.7860	10.4628	−19.2792	0.0304

续表

年　度	ΔI_{tot}	ΔI_{tec}	ΔI_{strs}	ΔI_{stri}	ΔI_{fls}
2002—2003	100	80.0672	4.9964	14.8445	0.0920
2003—2004	100	298.2595	-97.0409	-101.1202	-0.0984
2004—2005	100	158.0081	-22.1703	-35.8616	0.0238
2005—2006	100	301.8693	40.7756	-242.8827	0.2378
2006—2007	100	78.8348	-6.0981	26.8264	0.4369
2007—2008	100	103.4495	1.8463	-5.3428	0.0470
1990—2008	100	187.4765	5.0197	-93.0517	0.5555

注：正号表示对能源下降贡献为正，负号表示增加了能源强度。

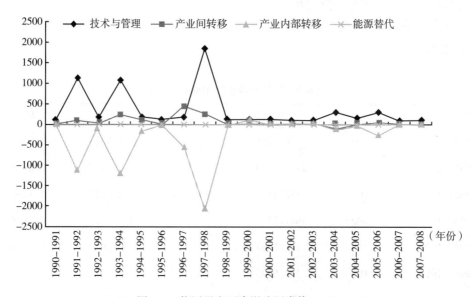

图6.2　能源强度下降影响因素值（%）

从表6.2和图6.2中能清晰地观察到，贵州省在19年间累计下降的能源强度中，技术进步和管理效率的提高做出的贡献高达187.48%，产业结构调整所作的贡献为5.02%，各种能源之间替代所作的贡献并不明显，仅为0.56%，但三次产业内部之间行业大大增加了能源消费强度，抵销掉93.05%。其中值得注意的是，受亚洲金融危机冲击后经济复苏，1997—1998年贵州省能源钢铁行业出现较快增长，在投资拉动下，高能耗行业得到较快发展，推高了能源强度，在图中表现为异常点。随后依靠技术革新和设备改造提高全要素质量，抑制了能源强度的增高，使总能源强度有所下降，其后各因子对强度下降的影响趋于平稳。

通过能源强度下降的分解结果和节能减排实际工作力度的对比发现，在影响能源强度下降的因素中，技术革新和管理增效、产业转移都是政府和企业在节能减排中的重点工作。而各产业内部的行业变动产生了较大波动且对能源强度产生反向作用，其中重要原因是一个行政区域不同于一个国家，经济上与其他地区关联性强，受外部冲击和国家调控后都会在局部产生较大反应。至于能源替代的作用，更多反映在环境效应上，对能源强度下降作用不明显。由此可见，上述分解结果能够较好地解释贵州省能源强度下降过程。

为进一步分析直接效应模型，我们对上述时间序列进行平稳性检验，检验结果如表6.3所示。

表6.3 各序列平稳性检验

序列	ADF值	1%显著性水平临界值	5%显著性水平临界值	结果
ΔI_{tot}	-4.855508	-3.886751	-3.052169	平稳**
ΔI_{tec}	-4.572266	-3.886751	-3.052169	平稳**
ΔI_{strs}	-3.792850	-3.886751	-3.052169	平稳*
ΔI_{stri}	-4.049102	-3.886751	-3.052169	平稳**
ΔI_{fls}	-3.239136	-3.886751	-3.052169	平稳*

注："*"表示在5%显著性水平下序列平稳，"**"表示在1%显著性水平下序列平稳。

检验结果表明5个序列都是平稳的，可以直接建立回归模型。经过选择后得出的模型为

$$\Delta \hat{I}_{tot} = 0.0011 + 1.0245\Delta I_{tec} + 0.9785\Delta I_{strs} + (AR(1) = 0.6697, AR(2) = -0.4960)$$
$$t = (0.143)(44.969) \quad (10.87) \quad (2.58) \quad (-1.96)$$

（式6-5）

$$R^2 = 0.989, \quad F = 265.2285, \quad DW = 2.0260$$

可见，在其他因素不变时，技术进步和管理效率提高使能源强度下降1个单位，对总能源强度下降贡献达到1.0245个单位，技术进步产生的加速放大效应明显。产业之间的转移使能源强度下降1个单位，对总能源强度下降的贡献为0.9785个单位，但

产业内部调整产生的能源强度下降对能源强度的变化作用从长期看来并不明显（未列出）。同时，能源强度下降自身有明显的回弹效应，滞后一期强度下降对本期有正向影响，滞后两期则出现反弹，但总体上不同滞后期出现的回弹表现出下降的趋势。因此，这个结果再次验证，依靠科技进步和技术革新、提高要素质量是降低贵州省能源强度的最重要途径，而调整产业结构、加快产业转型对降低能源强度作用同样不可小视。在贵州省未来发展中，还需要全方位、全过程推广应用节能减排技术、强化技术革新、提高能源利用效率、调整能源消费结构、加大产业转移力度，使能源强度下降对经济发展做出更大的贡献，最终实现经济发展路径向更加科学合理的方式转变。

由于西部地区在经济发展水平、产业结构和能源消费结构诸多方面相似程度高，因此，上述实证研究结果对于西部其他能源输出型地区寻找能源强度下降影响因素有一定的借鉴和启示。首先，作为国家能源基地，节能减排需要从源头做起，提升要素质量、加强技术革新改造、提高管理效率是提高能源使用效率最有效的途径。其次，引导3次产业结构调整和优化，工业化过程的不可逾越性决定了未来贵州省第二产业还要进一步大发展，在调整产业结构时发展高耗能行业不可避免，但是只要提高产出效率，同样可以减低能源强度。尽管在实证研究中3次产业的转移以及能源替代对贵州省能源强度下降的贡献不够明显，但从能源、生态和经济发展的系统升级过程看，需要加速产业转移，加快发展经济效益、生态效益好的新型工业和能耗较低的特色农业、第三产业，开发如风能、生物质能、核能等新能源，改善能源消费结构，减缓环境压力。第三，在产业内部调整过程中，需要限制产出效率差、环境污染大的高能耗行业，即使能够发挥地区资源优势，也需要限制并淘汰落后产能。只有第三、第二、第一产业齐头并进、协调发展，才能将经济发展路径向理想的状态转变。

根据工业化过程的经济发展路径，随着国家西部大开发第二个十年战略的实施，西部地区在交通等基础设施得到快速改善后，必定能发挥资源优势、协调经济发展与能源开发和生态保护之间的关系，继续降低能源强度，完成产业转移和升级。从"十二五"前四年贵州省转变经济发展方式的实施路径看，贵州省经济增长不仅连续保持在全国前列，而且科技创新能力不断增强，2014年贵州发明专利申请量同比增长105.7%，增幅居全国第一，科技创新多项指标增幅位居全国前列[1]，科技创新成为新的发展动力。与此同时，贵州省在产业结构调整、能源强度下降、生态环境保护等方面也取得良好效果，完全有可能在守住发展和生态两条底线方面做出示范，并向理想发展路径转变。

---

[1] 中新网贵阳 http://news.163.com/15/0212/20/AI9HHCT500014JB6.html.

6.4 小结

本章重点从经济发展路径中共有的、短期内能够降低的能源强度环节进一步进行因素分解。在系统分析能源强度变化因素分解方法后，利用指数完全因素分解模型的优势，以中国西部欠发达的贵州省作为研究对象，分解技术创新与管理效率、产业转移、行业内部调整和能源替代四个要素对能源强度变化的影响。分解结果表明，在样本期内，贵州省能源强度下降最重要的因素是技术创新和管理效率的提高，其次是3次产业结构调整，能源替代对强度下降作用不明显，而产业内部结构变动推高了能源强度，该分解结果符合贵州省能源消费和产业结构变化实际，较为客观地刻画了贵州省能源经济发展现实。

由于西部地区在经济发展水平、产业结构和能源消费结构诸多方面相似，该实证研究结果对西部其他地区在"十二五"期间寻找影响能源强度下降关键因素、转变经济发展方式、制定节能减排政策有一定的参考价值和借鉴作用。

在能源和生态环境约束下，中国的能源消费总量、强度和结构问题越来越突出。中国在转变发展方式的"十二五"规划中，已经对能源强度和能源消费结构制定了相应的控制目标，但消费总量目标还未成为重要约束，在控制过程中的这个空缺将不利于减排目标的实现，也不利于将经济发展转变到科学发展路径上。有鉴于此，我们认为需要研究能源消费总量控制目标并科学分解到各个地区，使之成为政府进行宏观调控的参考，同时分析能源强度和能源消费结构控制中的问题。这些内容将成为下一章的主要研究对象。

参 考 文 献

[1] Fisher, I. The making of index numbers[J]. Cambridge: The Riverside Press, 1922.

[2] Samuelson, P. A., Swamy, S. Invariant economic index numbers and canonical duality: Survey and synthesis[J]. The American Economic Review, 1974 (64): 566~593.

[3] Theil, H. A new index formula[J]. The Review of Economics and Statistics, 1973 (55): 498~502.

[4] Theil, H. More on log–change index numbers[J]. The Review Economics and Statistics, 1974 (56): 552~554.

[5] Kazuo Sato. The Ideal Log–Change Index Number[J]. The Review of Economics and Statistics, 1976, 58 (2): 223~228.

[6] Yrjo O. Vatia. Ldeal Log – Change Index Numbers[J]. Scandinavian Journal of Statistics, 1976, 3 (3): 121~126.

[7] Diewert, W. E. Superlative Index Numbers and Consistency In Aggregation[J]. Econometrica, 1978 (46): 883~900.

[8] Huang, J. P. Industrial energy use and structural change: a case study of the People's Republic of China [J]. Energy Economics, 1993 (15): 131~136.

[9] Sinton, J. E., Levine, M. D. Changing energy intensity in Chinese industry: the relative importance of structural shift and intensity change[J]. Energy Policy, 1994 (22): 239~255.

[10] Ang, B. W., Zhang, F. Q., Choi, K. H. Factorizing changes in energy and environmental indicators through decomposition[J], Energy, 1998 (23): 489~495.

[11] Zhang, Z. X. Why did the energy intensity fall in China's industry sector in the 1990s? The relative importance of structural change and intensity change[J]. Energy Economics, 2003 (25): 625~638.

[12] Fisher – Vanden, K, G. Jefferson, H. Liu, Q. Tao, What is Driving China's Decline in Energy Intensity[J]. Resource and Energy Economics, 2004, 26 (1).

[13] Chunbo Ma, David I Stern. China's Changing Energy Intensity Trend: A Decomposi – tion Analysis [R]. Working Papers, Rensselaer Polytechnic Institute, 2006.

[14] 韩智勇, 魏一鸣, 范英. 中国能源强度与经济结构变化特征研究[J]. 数理统计与管理, 2004 (11).

[15] 吴巧生, 成金华. 中国工业化中的能源消耗强度变动及因素分析——基于分解模型的实证分析 [J]. 财经研究, 2006 (6): 75~85.

[16] 齐志新, 陈文颖. 结构调整还是技术进步?——改革开放后我国能源效率提高的因素分析[J]. 上海经济研究, 2006 (2): 8~16.

[17] 吴滨, 李为人. 中国能源强度变化因素争论与剖析[J]. 中国社会科学院研究生院学报, 2007 (2).

[18] 李国璋, 王双. 中国能源强度变动的区域因素分解分析——基于 LMDI 分解方法[J]. 财经研究, 2008 (8).

[19] 王群伟, 周德群, 陈洪涛. 技术进步与能源效率——基于 ARDL 的分解[J]. 数理统计与管理, 2009 (9).

[20] 吴巧生. 中国能源消费与 GDP 关系的再检验[J]. 数量经济技术经济研究, 2008 (6).

[21] 王双英, 李东, 王群伟. 基于 LMDI 指数分解的中国石油消费影响因素分析[J]. 资源科学, 2011 (4).

[22] 国家统计局. 国家发展和改革委员会、国家统计局关于"十一五"各地区节能目标完成情况的公告[R]. 2011 – 06 – 10.

附录

各种能源换算为标准煤参考系数

名　称	参考折标系数(吨标煤)	名　称	参考折标系数(吨标煤)
原煤(吨)	0.7143	洗精煤(吨)	0.9000
其他洗煤(吨)	0.2850	型煤(吨)	0.6000
焦炭(吨)	0.9714	其他焦化产品(吨)	1.3000
焦炉煤气(万立方米)	6.1430	高炉煤气(万立方米)	1.2860
其他煤气(万立方米)	3.5701	天然气(万立方米)	13.3000
原油(吨)	1.4286	汽油(吨)	1.4714
煤油(吨)	1.4714	柴油(吨)	1.4571
燃料油(吨)	1.4286	液化石油气(吨)	1.7143
炼厂干气(吨)	1.5714	其他石油制品(吨)	1.2000
热力(百万千焦)	0.0341	电力(万千瓦时)(当量值)	1.2290
蒸汽换算	1kg　10.0MPa级蒸汽=0.131429kg 标煤 1kg　3.5Mpa级蒸汽=0.125714kg 标煤 1kg　1.0Mpa级蒸汽=0.108571kg 标煤 1kg　0.3Mpa级蒸汽=0.094286kg 标煤 1kg　小于0.3Mpa级蒸汽=0.078571kg 标煤		

资料来源：中华人民共和国统计局。

第7章　能源消费总量控制研究

在短期内能源消费结构难有重大改变的前提下，要实现碳排放下降目标，唯有进一步控制能源消费总量，因此，研究能源消费控制的方法并应用到中国能源消费总量控制中，就成为一个非常重要的课题。首先，在提出中国能源消费上存在的问题后，分析"十一五"期间能源强度下降未达目标的成因、总量失控的现实以及理论研究现状；其次，采用情景预测和"倒逼机制"结合的方法，在国家下达的强度下降目标硬约束下，以地方政府的经济增长目标为基准，设置不同的经济增长情景，分别测算各地区的理论能源消费量和节能量，以此作为能源消费总量控制的参照；第三，分析实现能源消费结构控制目标的可行性以及存在的能源消费缺口，提出解决途径；最后，根据研究结果，提出控制能源消费的政策建议，旨在为实现碳排放下降目标、最终兑现碳排放承诺奠定坚实的基础，使经济发展向更加科学的路径转变。

7.1　问题的提出与研究现状

2010年中国成为第一大能源消费国后，不仅面临的国际舆论压力增大，能源对外依存度上升、生态环境恶化的内部压力也同样考验着可持续发展潜力和经济发展路径的科学性。在"十一五"期间，能源强度得到了一定程度的控制，但中央和地方在能源消费总量和结构是否需要控制以及如何控制的问题上颇有争议，导致消费总量实际上处于失控状态，而结构问题则受制于自身能源禀赋条件，短期内难有大的改变。能源消费总量失控原因诸多，如能源生产和消费分散、监督成本过高等，但从学术研究层面看，理论界对能源总量和结构控制还缺乏深入研究，未见到将能源消费总量分解到区域的成果，在一定程度上理论研究滞后于现实需要也是一个不容忽视的因素。

7.1.1　问题的提出

在"十二五"规划经济增长目标中，中央和地方之间、地区与地区之间目标差异大，明显存在利益博弈和分歧。中央政府制定目标的出发点是提高经济发展质量、适当放缓经济发展速度,以实现能源总量和碳排放控制目标;而地方政府尤其是欠发达地区则希望在"十二五"期间加快发展步伐,提高人均收入水平,对于控制能源消费总量和碳排放量明显缺乏内生动力。"十一五"期间,国家首次将能源强度下降率作为约束性指标分解到各个地区,由于各地经济增长超过计划目标,加上在能源强度下降分配上不尽合理,未充分考虑地区所处的不同发展阶段、产业结构的差异性和监督的高成本等原因,最终能源强度只下降19.1%,未完成下降20%的目标。同时,由于没有设定明确的能源消费总量和结构控制目标,导致能源消费总量大大超过原来预设的区间,未能得到有效控制,而能源消费结构也没有大的改变。有鉴于此,我们认为,除了控制能源强度指标外,还应将能源总量和结构①作为控制目标,研究总量控制分配方法,测算实现经济增长目标所需能源消费总量、存在的缺口等问题,以便在总量、结构和强度约束下,促使各地区千方百计提高能源使用效率,在实现经济较快增长的同时,将经济发展转到可持续的路径上。

7.1.2 研究现状

能源消费控制特别是总量控制问题的研究是在近年来中国经济发展过程中提出的,由于美国、加拿大等国相继退出"京都议定书",意味着不愿意履行减排责任,并且因其能源资源较为丰富,目前不存在能源消费总量控制问题,故没有发现国外学者在这方面的研究成果。其他发达的市场经济国家在宏观层面主要通过调整能源消费结构和碳汇交易达到减排目标,而能源消费总量则主要通过发挥市场价格机制作用实现调控,同样缺乏对能源消费总量和区域分解的研究成果。中国在计划经济时代,能源和其他战略资源一样实行严格的计划供给制,能源消费总量受到严格控制,市场在资源配置上没有发挥作用的前提条件,并且处在工业化初期,客观上能源强度和人均能源消费都处在上升阶段,虽然得到控制,但计划经济对能源的配置效率不高,经济发展方式粗放。改革开放后,特别是2000年中国加入WTO以来,逐步建立了中国特色的市场机制,在转变经济发展方式过程中,能源利用效率不断提高,但在能源消费问题上,同一地区内、不同地区之间价格"双轨制"一直存在,存在明显的制度缺陷,能源消费总量、强度和结构控制问题并未受到足够重视。直到2005年,中央政府将能源强度下降作为硬约束指标分解到各地区后,对能源消费控制的研究在学术界才引起重视,研究主要集中在与碳排放有关的能源安全、强度下降和能源使用效率提高等问题上,研究能源消费总量控制问题的学术性文献很少。孙鹏等(2005)[1]把能源消费总量分解为经济增长效应和能源强度效应,认为到2020年把能源消费总量控制在20亿吨(标准煤)是可能的。房维中(2010)[2]从资源约束、环境保护的角度提出应将能源消费总量控

---

① 非化石能源在消费中占11.4%的方案已经列入"十二五"规划。

制列入"十二五"规划。吴国华等(2011)[3]从资源、环境、结构和安全4个方面论证了控制能源消费总量的必要性。阮加等(2011)[4]分析了能源消费总量控制对地区经济发展的约束。

可见,在已有能源消费总量控制成果中,缺乏如何控制、怎样实现区域间配置的成果,对该问题的理论研究明显滞后于现实需要。

7.1.3 "十一五"期间能源消费回顾

为了得到合理的能源消费总量分解方法和结果,我们简要回顾一下"十一五"期间的能源强度分配方案及其实施情况。在国家发展和改革委员会经国务院同意的"十一五"节能减排方案①中,各省(自治区、直辖市)被分为8类,指标分配如表7.1所示。

表7.1 "十一五"期间各地区能源强度下降分配表②

类别	第一	第二	第三	第四	第五	第六	第七	第八
(%)	30	25	22	20	17	16	15	12
地区	吉林	山西、内蒙古	山东	北京、天津、河北、辽宁、黑龙江、上海、江苏、浙江、安徽、江西、河南、湖北、湖南、重庆、四川、贵州、陕西、甘肃、宁夏、新疆	云南、青海	广东、福建	广西	海南、西藏

利用已公布的数据,经过测算,至少有新疆、山西、内蒙古等地区未实现表中的下降目标③。显然,这几个地区能源强度未达标各有其因,但一个不可忽视的因素是,在全国区域功能定位中,前述地区都是国家能源基地,初次消费的能源大部分外送到其他地区。在分配方案中对此是否有足够的考量?尽管只从方案中难以判断,但从未完成目标这个结果考察,对输出部分似乎估量不足,或者说是能源价格未反映供求关系。可见,合理分解和控制能源,使之与经济发展、区域协调有机结合是制定可行计划的重要前提。

进入"十二五"后,经济发展、能源消费和碳排放越来越受到关注,在2011年发布的"十二五"规划经济增长目标中,正如图1.1所显示,各地规划的经济增长目标

---

① 国务院关于"十一五"期间各地区单位生产总值能源消耗降低指标计划的批复[R](国函[2006]94号)。

② 该方案后来又将山西、内蒙古和吉林调整为下降22%。

③ 与2011年国家发展和改革委员会公布的结果有一定出入。

都明显高于全国7%的目标，显示出地方政府对发展经济的高预期。中央政府制定目标的初衷是不同地带的区域都应切实转变发展方式，走可持续的发展路径，适当放缓经济增长速度，使能源总量、结构和强度在"十二五"期间得到有效控制。而地方政府尤其是西部欠发达地区在中央有关政策的鼓励下则希望在"十二五"期间加快发展、加快转型、实现跨越，缩小区域间差距，到2020年共同实现小康目标，对于能源消费总量约束则明显缺乏动力。这一冷一热反映出地方和中央在能源消费问题上作为动态博弈主体的不同态度。我们认为，除了需要控制能源强度、结构外，还应将能源消费总量列入控制范围，采用合理方法将总量指标分解并落实到各个地区，在总量、结构和强度约束下，使各地方政府和企业挖掘内生增长动力，以实现经济较快发展。

由于能源强度和结构已经列入国家规划，在以下的分析中，我们重点研究能源消费总量的控制问题，包括"十二五"期间能源消费总量控制目标的测算、协调区域经济发展目标的总量分解、各地区的节能量等，同时分析结构目标的可行性和能源需求缺口等，以便从多个维度探讨能源消费问题。

7.2 "十二五"期间中国能源消费总量的测算与分解

"十二五"规划中，各地区对经济增长的高企和对能源消费目标的漠视形成较大的反差，引发了我们对探讨能源总量控制问题的进一步思考。由于缺乏相应的研究成果可以借鉴，在本文的研究中，我们首先采用倒逼机制，设置不同的经济增长情景，计算出中央需要控制的能源消费总量区间。并进一步按照地方经济增长目标和能源强度下降目标，得出各地区的能源消费量。对于出现的缺口，则作为各地区的节能量。这样进行分解的优势在于方法易于理解、能够同时调动中央和地方在控制能源消费总量博弈上的积极性，但不足在于没有考虑其他影响地区能源消费总量的因素。在现有研究条件下，采用倒逼机制和情景模拟的方法，提出控制并分解能源消费总量到各地区，在理论和实践上都是一种有益的探索。

7.2.1 不同经济增长情景下的能源消费总量控制区间

依据国家在"十二五"规划中提出的年均经济增长7%、能源强度下降16%的目标，我们首先设置全国经济增长6%~10%的不同情景，计算"十二五"期间各年对应于不同情景的用能量，计算结果如表7.2。

表7.2 "十二五"期间不同经济增长情景下的能源消费量 （单位：万吨标准煤）

增长率(%) 年度	2011	2012	2013	2014	2015
6	332427.0	343507.1	354956.6	366787.7	379013.1
7	335563.1	346747.8	358305.3	370248.0	382588.7
8	338699.2	353259.3	368445.4	384284.3	400804.0
9	341835.3	359831.5	378775.0	398715.9	419706.6
10	344971.4	366464.2	389296.0	413550.3	439315.7

由计算结果发现，到2015年，如果按照经济增长率7%的目标和能源强度下降16%的目标，能源消费总量约为38.3亿吨；按6%的增长率，则总量可控制在38亿吨以内；按8%的增长率，控制目标可设定为40亿吨；如果经济增长率保持在9%以上，能源消费量将超过42亿吨。未来5年中国经济增长存在诸多不确定性，但从中国实施5年计划以来的实践看，除第二个5年计划（1958—1962）和第四个5年计划（1971—1975）期间受天灾人祸影响未实现经济增长目标外，其余9个5年计划期间的经济增长速度均至少超过目标1个百分点，因此，我们认为，假设在"十二五"期间中国经济未受到较大的外部冲击，以增长率8%对应的40亿吨能源消费量作为控制目标，上限为经济增长率9%时的42亿吨、下限对应于7%的38亿吨是中国能源总量控制的可行区间，上述3个目标分别称为中、高、低控制目标。

7.2.2 各地区"十二五"期间能源需求量测算

在图1.1中已经显示，各地经济增长目标差距较大，在总结"十一五"期间执行能源强度下降指标分解的基础上，国家发展和改革委员会在2011年9月又提出了"十二五"期间能源消费控制方案①（见表7.3），该方案反映了国家对东部发达地区在节能降耗方面的引领作用、率先实现经济发展方式转变、走可持续发展路径的主客观要求以及对中西部地区加速发展以缩小地区之间差距、实现共同富裕目标的愿望，基本符合不同经济发展阶段能源强度下降、能源生产和消费区域错位的特征。但是在各个分类指标的确定和地区的划分上仍有值得商榷之处：首先是指标之间的差距上，第五类地区下降指标似乎定得过低；其次在地区所属类别上存在争议。如北京作为最发达的地区之一，却被划分在第二类；山西作为化石能源输出大省，被定在第三类地区；

---

① 国务院关于印发"十二五"节能减排综合性工作方案的通知（国发〔2011〕26号）。

内蒙古、贵州都是全国能源基地,尤其是人均收入最低的贵州在"十二五"期间能源仍将是其支柱产业,都被定在第四类,这三个典型的能源输出省份在初次能源消费中相当大的部分是用于生产清洁能源或原材料,输入到其他省份。此外,该方案中并未包含能源消费总量控制目标,说明更有必要深入研究总量控制问题。

表7.3 "十二五"各地区能源强度下降目标

类别	第一类	第二类	第三类	第四类	第五类
(%)	18	17	16	15	10
地区	上海、天津、江苏、浙江、广东	北京、河北、山东、辽宁	山西、吉林、黑龙江、安徽、福建、江西、河南、湖北、湖南、重庆、四川、陕西	内蒙古、广西、贵州、云南、甘肃、宁夏	海南、西藏、青海、新疆

假设在上述能源强度下降分类目标控制下,各地区经济增长目标能够实现,那么中国能源消费总量会是一种什么状态呢?我们不妨根据各地区能源强度下降指标和经济增长目标,计算各地区"十二五"期间各年的能源需求量,结果见表7.4。

表7.4 "十二五"期间各地区能源需求测算量　　（单位：万吨标准煤）

地区\年度	2011	2012	2013	2014	2015
北京	7239.75	7532.91	7837.94	8155.33	8485.57
天津	6696.02	7207.72	7758.52	8351.40	8989.60
河北	28138.19	29413.15	30745.87	32138.99	33595.23
山西	18042.96	19736.49	21588.98	23615.35	25831.91
内蒙古	17575.01	19009.45	20560.96	22239.11	24054.22
辽宁	21644.05	23146.06	24752.31	26470.02	28306.94
吉林	8680.35	9243.02	9842.16	10480.13	11159.46
黑龙江	12339.21	13736.28	15291.52	17022.85	18950.20
上海	11395.97	11828.72	12277.91	12744.15	13228.10
江苏	26544.21	28062.42	29667.48	31364.34	33158.25
浙江	17111.36	17761.15	18435.61	19135.69	19862.35
安徽	10487.39	11674.79	12996.63	14468.13	16106.24

续表

年度 地区	2011	2012	2013	2014	2015
福 建	10237.41	11099.21	12033.55	13046.55	14144.82
江 西	6614.07	7106.82	7636.29	8205.20	8816.49
山 东	36054.07	37861.37	39759.28	41752.32	43845.27
河 南	22069.91	23286.86	24570.90	25925.75	27355.31
湖 北	15457.54	16459.51	17526.43	18662.50	19872.22
湖 南	15169.35	16299.48	17513.80	18818.59	20220.59
广 东	27099.70	28128.79	29196.95	30305.68	31456.51
广 西	7978.05	8495.19	9045.85	9632.21	10256.58
海 南	1444.17	1597.88	1767.95	1956.13	2164.34
重 庆	8287.46	9225.78	10270.34	11433.17	12727.65
四 川	18739.78	20317.31	22027.64	23881.95	25892.36
贵 州	8919.96	9929.89	11054.17	12305.74	13699.02
云 南	9304.33	10177.65	11132.94	12177.89	13320.92
陕 西	9235.24	10012.67	10855.55	11769.38	12760.14
甘 肃	6293.69	6823.49	7397.90	8020.67	8695.85
青 海	2727.05	2990.61	3279.64	3596.60	3944.20
宁 夏	3889.53	4216.95	4571.94	4956.81	5374.08
新 疆	8583.73	9245.22	9957.68	10725.05	11551.56
合 计	403999.49	431626.84	461354.70	493357.68	527825.96

注：因西藏没有能源统计量且化石能源消费量很少，表中未将其列出（下同）。
数据来源：2010年数据来自总理和各地区政府工作报告及"十二五"规划。

显然，该总和需求量与国家控制目标相差较大，仅2012年的消费量之和就超过了控制目标的上限。对中国能源消费数据的研究发现，1998年以来，各省市区能源消费总量之和大于国家统计的能源消费总量，偏差有逐步扩大之势。如果不控制各地区能源消费总量，到"十二五"期末，一种可能出现的局面是：全部或大部分地区能源强度均达标，全国经济增长率实现年均增长9%的高目标，但是，各地区能源消费总量却大大超过42亿吨的高控制目标。

7.2.3 各地区理论节能量及单位产出节能量

要实现能源消费总量控制目标,根本途径是将节能减排、实现绿色发展转化为地方政府和企业的经济增长的内生动力,但国家调控也应发挥作用。以国家控制目标为基准,分解出各地区的用能量和节能量,上下联动,有利于为中央职能部门监控能源消费总量提供依据。

在计算中,我们仍然尊重和保护地方政府对经济增长的积极性,假设各地能够实现其经济增长和能源强度下降目标,国家也能够实现对能源消费总量的控制,在此前提下,以导出的能源消费总量为基础,用全国能源控制量作为目标,采用倒逼机制对各地区能源消费总量按照比例进行调整,最后得出高、中、低3个节能方案见表7.5。

表7.5 各地区节能量分配表 （单位：万吨标准煤）

年份	高控制节能方案			中控制节能方案			低控制节能方案		
	2011	2013	2015	2011	2013	2015	2011	2013	2015
全国	68436.40	103049.44	145237.22	65300.30	92909.32	127021.94	62164.20	82579.67	108119.37
北京	944.64	1445.67	2004.66	888.44	1273.40	1711.82	832.24	1097.91	1407.94
天津	658.92	1182.17	1835.39	606.94	1011.64	1525.16	554.96	837.93	1203.23
河北	3546.84	5534.75	7787.87	3328.41	4858.99	6628.49	3109.99	4170.60	5425.38
山西	1508.21	2969.68	4891.37	1368.15	2495.18	3999.91	1228.09	2011.80	3074.82
内蒙古	1650.96	3041.04	4803.68	1514.54	2589.13	3973.57	1378.11	2128.77	3112.13
辽宁	2261.90	3922.50	5952.05	2093.88	3378.46	4975.18	1925.87	2824.27	3961.45
吉林	942.01	1599.23	2391.32	874.63	1382.91	2006.21	807.25	1162.55	1606.56
黑龙江	835.25	1860.31	3287.01	739.47	1524.22	2633.03	643.68	1181.85	1954.39
上海	1513.53	2293.24	3155.91	1425.06	2023.39	2699.41	1336.60	1748.49	2225.68
江苏	3060.43	5021.55	7329.95	2854.38	4369.49	6185.66	2648.33	3705.24	4998.19
浙江	2272.60	3443.36	4738.69	2139.77	3038.17	4053.24	2006.94	2625.40	3341.92
安徽	709.90	1581.12	2793.71	628.49	1295.47	2237.88	547.08	1004.48	1661.08
福建	939.31	1753.50	2793.83	859.84	1489.02	2305.70	780.37	1219.59	1799.14
江西	661.82	1176.20	1814.66	610.47	1008.36	1510.41	559.13	837.38	1194.67
山东	4386.42	6982.84	9971.57	4106.55	6108.97	8458.47	3826.67	5218.76	6888.28
河南	2585.23	4204.18	6097.56	2413.91	3664.13	5153.53	2242.59	3113.99	4173.88

续表

年份	高控制节能方案			中控制节能方案			低控制节能方案		
	2011	2013	2015	2011	2013	2015	2011	2013	2015
湖 北	1677.49	2847.83	4258.35	1557.50	2462.62	3572.56	1437.51	2070.21	2860.89
湖 南	1517.87	2697.61	4161.92	1400.12	2312.67	3464.11	1282.37	1920.54	2739.97
广 东	3599.18	5453.34	7504.78	3388.81	4811.62	6419.22	3178.45	4157.91	5292.69
广 西	865.80	1469.84	2197.85	803.87	1271.02	1843.89	741.94	1068.49	1476.58
海 南	105.71	224.82	387.34	94.50	185.96	312.64	83.29	146.38	235.13
重 庆	560.99	1249.45	2207.67	496.65	1023.72	1768.44	432.32	793.77	1312.64
四 川	1719.42	3209.82	5114.17	1573.95	2725.68	4220.62	1428.48	2232.48	3293.36
贵 州	603.80	1344.81	2376.16	534.56	1101.85	1903.41	465.32	854.35	1412.82
云 南	777.75	1531.40	2522.37	705.52	1286.71	2062.66	633.30	1037.44	1585.61
陕 西	847.36	1581.85	2520.34	775.67	1343.25	2079.98	703.98	1100.20	1623.02
甘 肃	577.46	1078.01	1717.57	528.61	915.41	1417.48	479.75	749.77	1106.06
青 海	221.62	443.52	737.69	200.45	371.43	601.58	179.28	298.00	460.33
宁 夏	356.87	666.21	1061.47	326.68	565.73	876.01	296.49	463.36	683.55
新 疆	839.90	1511.71	2352.03	773.27	1292.85	1953.39	706.63	1069.90	1539.70

节能绝对量基本反映了各地产业结构特征，位居前3位的山东、河北、广东率先进入发达地区行列的省份，重化工业程度依然较高，能源消耗总量多，转变经济发展方式压力大，需要将高能耗产业逐步向内地转移；而位居节能量后3位的宁夏、海南、青海3个地区产业结构中重化工程度相对较低，能源消耗总量小，节能量也较少，但面临着快速发展的压力。

为了进一步认识各地区节能形势的严峻性，我们以各地能源强度下降分配指标为基础，计算各地在2011—2015年的地区单位生产总值节能量（表7.6）。计算中以全国平均单位GDP节能量为基准，按全国经济增长率7%计算，2011年超过该标准的是宁夏，到2013年超过标准的有宁夏、山西、青海，到2015年扩展到宁夏、山西、青海、贵州和新疆，因此就这个意义上讲，这几个省区都应该列入第5类地区，否则，山西、贵州、宁夏节能压力过大，最终将难以实现节能控制目标。这些地区中除山西是中部能源输出大省外，其他都是西部欠发达地区，其工业化程度将逐年提高，能源产业仍然是支柱产业，自身发展所需的能源消费总量也将明显增加。随着经济增长的加速、总控制能源消费量的增加，单位 GDP 节能量压力有所减缓，当经济增长率提高到 9% 时，到 2015 年只有青海和宁夏的单位 GDP 节能量超过全国平均。说明对西部地区而言，唯有加速发展、加快转型、增加收入，才有可能减缓能源消耗形成的节能压力。

表 7.6　各地区在不同增长率情景下的单位 GDP 节能量　　（单位：kg/万元）

年份	增长 7%			增长 8%			增长 9%		
	2011	2013	2015	2011	2013	2015	2011	2013	2015
全　国	207.78	268.24	324.12	198.26	241.84	283.47	188.74	214.96	241.29
北　京	73.21	96.06	114.20	68.85	84.61	97.51	64.50	72.95	80.20
天　津	71.36	102.06	126.32	65.73	87.34	104.97	60.10	72.34	82.81
河　北	187.84	248.99	297.61	176.27	218.59	253.31	164.71	187.62	207.33
山　西	185.27	285.69	368.52	168.06	240.04	301.35	150.86	193.54	231.66
内蒙古	168.05	246.76	310.74	154.16	210.09	257.04	140.27	172.74	201.31
辽　宁	131.76	185.45	228.39	121.97	159.73	190.91	112.18	133.53	152.01
吉　林	118.25	165.91	205.03	109.79	143.47	172.01	101.33	120.60	137.74
黑龙江	74.81	126.00	168.34	66.24	103.23	134.85	57.66	80.05	100.09
上　海	89.40	116.13	137.02	84.17	102.46	117.20	78.95	88.54	96.63
江　苏	79.44	107.72	129.95	74.09	93.74	109.67	68.74	79.49	88.61
浙　江	89.55	116.33	137.25	84.32	102.64	117.40	79.08	88.70	96.80
安　徽	61.64	103.82	138.70	54.57	85.06	111.11	47.51	65.95	82.47
福　建	67.00	99.70	126.64	61.33	84.66	104.51	55.66	69.34	81.55
江　西	79.21	114.26	143.07	73.07	97.96	119.09	66.92	81.35	94.19
山　东	118.32	158.53	190.55	110.77	138.69	161.63	103.22	118.48	131.63
河　南	122.50	167.68	204.69	114.38	146.14	173.00	106.27	124.20	140.11
湖　北	120.72	169.38	209.31	112.09	146.47	175.60	103.45	123.13	140.62
湖　南	107.78	155.46	194.67	99.42	133.28	162.03	91.06	110.68	128.16
广　东	82.43	107.07	126.33	77.61	94.47	108.05	72.79	81.64	89.09
广　西	102.98	144.48	178.55	95.61	124.94	149.79	88.25	105.03	119.95
海　南	55.70	92.78	125.18	49.80	76.74	101.04	43.89	60.41	75.99

续表

年份	增长7%			增长8%			增长9%		
	2011	2013	2015	2011	2013	2015	2011	2013	2015
重 庆	70.15	118.15	157.85	62.11	96.80	126.44	54.06	75.06	93.85
四 川	109.35	162.73	206.69	100.09	138.18	170.58	90.84	113.18	133.10
贵 州	144.56	243.46	325.27	127.98	199.47	260.55	111.40	154.67	193.40
云 南	114.04	175.86	226.84	103.45	147.76	185.50	92.86	119.13	142.60
陕 西	96.31	143.33	182.05	88.16	121.71	150.24	80.01	99.69	117.24
甘 肃	156.96	233.58	296.69	143.68	198.35	244.85	130.40	162.46	191.06
青 海	196.56	313.59	415.81	177.79	262.62	339.08	159.01	210.70	259.47
宁 夏	286.60	426.53	541.76	262.36	362.19	447.10	238.11	296.66	348.87
新 疆	177.40	263.87	339.30	163.32	225.67	281.79	149.25	186.75	222.12

通过对能源消费总量和节能量的测算看到,"十二五"期间中国能源消费问题形势不容乐观。按照经济发展水平、碳排放规律和国家产业发展的战略布局,东部地区已经逐步进入后工业化阶段,发展路径应向"绿色低碳节能减排"转变,这既是规律使然,也是现实需要;中部地区还处在工业化中期,理性的路径选择应为"绿色高碳节能减排";而西部地区刚步入工业化中期,客观的路径为"绿色高碳节能增排",但在能源消费强度下降的约束下,应逐步向"绿色高碳节能减排"路径靠近。

7.3 能源消费结构和缺口分析

7.3.1 结构控制分析

2011年中国政府工作报告中明确了能源结构的调整目标,即到2015年中国非化石能源占一次能源消费比重提高到11.4%。要实现这个控制目标,所面临的又是一种怎样的情形呢?表7.7显示了中国自1978年以来的能源消费结构变化,显然,能源消费以煤为主的格局在30年间没有显著变化。"十一五"以来,由于水电、核电建设进度加快,非化石能源消费比重明显增大。

表 7.7 化石能源与非化石能源消费比重（%）

年 份	煤 炭	石 油	天然气	化石能源合计	非化石能源
1978	70.7	22.7	3.2	96.6	3.4
1979	71.4	21.7	3.2	96.3	3.7
1980	72.2	20.7	3.1	96.0	4.0
1981	73.1	19.8	2.9	95.8	4.2
1982	74.0	19.0	2.7	95.7	4.3
1983	74.5	18.5	2.5	95.5	4.5
1984	75.0	18.0	2.3	95.3	4.7
1985	75.8	17.1	2.2	95.1	4.9
1990	76.2	16.6	2.1	94.9	5.1
1991	76.1	17.1	2.0	95.2	4.8
1992	75.7	17.5	1.9	95.1	4.9
1993	74.7	18.2	1.9	94.8	5.2
1994	75.0	17.4	1.9	94.3	5.7
1995	74.6	17.5	1.8	93.9	6.1
1996	73.5	18.7	1.8	94.0	6.0
1997	71.4	20.4	1.8	93.6	6.4
1998	70.9	20.8	1.8	93.5	6.5
1999	70.6	21.5	2.0	94.1	5.9
2000	69.2	22.2	2.2	93.6	6.4
2001	68.3	21.8	2.4	92.5	7.5
2002	68.0	22.3	2.4	92.7	7.3
2003	69.8	21.2	2.5	93.5	6.5
2004	69.5	21.3	2.5	93.3	6.7
2005	70.8	19.8	2.6	93.2	6.8
2006	71.1	19.3	2.9	93.3	6.7
2007	71.1	18.8	3.3	93.2	6.8
2008	70.3	18.3	3.7	92.3	7.7

续表

年 份	煤 炭	石 油	天然气	化石能源合计	非化石能源
2009	70.4	17.9	3.9	92.2	7.8
2010	68.0	19.0	4.4	91.4	8.6
2011	68.4	18.6	5.0	92.0	8.0
2012	66.6	18.8	5.2	90.6	9.4
2013	66.0	18.4	5.8	90.2	9.8

数据来源：《新中国六十年统计资料汇编》《2014年中国统计年鉴》。

要实现2015年非化石能源消费比重提高到11.4%的目标，如果以2010年占比为基础，则需要占比年均递增5.8个百分点，有一定难度。以此速度测算"十二五"期间的化石能源和非化石能源比重如表7.8所示。

表7.8 "十二五"期间化石能源和非化石能源消费比重（%）

年 度	2010	2011	2012	2013	2014	2015
非化石能源	8.6	9.1	9.6	10.2	10.8	11.4
化石能源	93.4	92.4	91.5	90.5	89.6	88.6

从"十二五"前3年实际情况看，到2013年，非化石能源占比已经达到9.8%，与占10.2%的目标有一定差距，到2015年要完成预期目标还需努力。

7.3.2 结构调整与生态环境效应

"十二五"期间，为了减轻碳排放压力，一方面需要增加非化石能源的生产和消费，另一方面需要不断减少煤炭消费比重，增加对石油和天然气的开发和进口，提高其消费比重。但一个突出的问题在于，增加非化石能源消费比重也将面临较大的风险和环境压力。因此，化石能源和非化石能源对生态环境的影响都需要正视。我们知道，各种能源开发利用的经济效益发生在今天，而生态环境代价则可能发生在明天。能源开发对环境美感的破坏、土地的损失以及短期污染问题，如果有产权制度保障，确定性较强，尚可以利用市场规则进行修复或治理。生态环境既是经济活动中原始材料投入的来源，又是经济活动废弃物的回收站。利用化石能源产生的环境影响分为两类：当煤炭、石油天然气等化石能源作为生产原料从受保护的生态环境中开采出来后，我们就会丧失舒适宜人的自然生态环境；生产和消费能源所产生的废弃物排放又会破坏生态环境。能源生产和消费的废弃物产生多种多样的环境影响，这些废弃物在环境中被吸收、分散、降解、分解后形成其他化合物。废弃物的类型及其自然过程的同化能力，特定地区和环境介质下废弃物的排放量，决定着该地区污染物的浓度或周围环境状况。污染物浓度具有物理效应，其中有的影响是可逆的，可以静态观察：露天采煤至少导致土地生产能力的短期丧失；地下采煤表现为废弃物堆积的酸溢出、地表塌陷，火力发电厂排放的硫化物，多数与硫化物相关的污染问题（如水污染）可以在短期内通过化工技术减少；石油天然气的开采、运输和加工会破坏敏感的自然环境，如井喷、废气的排放；核电同样会对环境产生影响，从提取和处理铀留下的放射性残渣，核电厂潜在的灾害性事故到高强度放射性废料的储存等。即使是替代能源也对环境有潜在的影响：水电大坝的建设不可逆转地改变了生态环境，导致娱乐价值、审美价值和科研价值的丧失；广泛使用太阳能需要大量土地，风能、太阳能接收器需要大量材料；地热能源产生热污染，同时可能改变原来的自然环境。对于能源生产和消耗在短期内可观测的危害和负外部性，理论上可以利用市场机制进行修复和补偿，但像二氧化碳这样的无害气体，会在大气中持续较长时期，那些没有为植被、海洋和地表降解吸收的部分将累积到空气中，增加大气中二氧化碳的浓度。

显然，就中国的实际情况看，我们对化石能源产生的破坏和影响认识较为充分，已经形成处理路径依赖，并在采取积极有效的措施将影响最小化。但面对非化石能源开发的风险和压力，认识还不一致。2011年3月日本大地震引发海啸摧毁核电设施、形成核污染后，在一定程度上影响了中国核电建设的进程，为保证核电的绝对安全，必将推高核电建设成本。而水电对生态环境的负面影响越来越引起重视，计划开发的部分大型水电站也因此而放缓了建设步伐。其他形式的非化石能源如风能、太阳能、生物质能源的开发成本较高，规模不经济的情形比比皆是。

在化石能源利用方面，中国能源储量中煤炭占比高，依靠进口石油天然气受制于多种因素，如地缘政治、价格、战争等。"十一五"期间，我国已经与周边的俄罗斯、哈萨克斯坦和缅甸等国签订协议，将大量进口石油、天然气，按油气管道的年设计输送量，将会提高化石能源中石油、天然气消费的比重，可以适当减少碳排放总量。2014年以来，国际油价下跌，中国从俄罗斯等进口石油天然气数量大增，这在一定程度上改善了能源消费结构，但能否持续，还存在不确定性。

7.3.3　能源需求与自给缺口分析

1980年以来，随着经济快速发展，我国能源需求不断增加，已经从各种化石能源出口国变成进口国，表7.9显示了这种渐变过程。

表 7.9　中国能源消费与进出口变化

[单位：万吨标准煤（按发电煤耗计算）]

年度	进口量	石油进口量	出口量	石油出口量	净出口	石油净出口量	净进口占总消费的比重(%)
1980	261.0	82.7	3058.0	1806.2	2797.0	1723.5	—
1985	340.0	90.0	5774.0	3630.4	5434.0	3540.4	—
1990	1310.0	755.6	5875.0	3110.4	4565.0	2354.8	—
1991	2021.9	853.0	5819.0	3228.0	3797.1	2375.0	—
1992	3333.0	1623.0	5633.0	3073.0	2300.0	1450.0	—
1993	5485.0	2239.0	5329.0	2776.0	−156.0	537.0	0.13
1994	4342.0	1764.0	5772.0	2642.0	1430.0	878.0	—
1995	5456.0	2441.0	6776.0	2604.0	1320.0	163.0	—
1996	6838.0	3231.0	7527.0	2917.0	689.0	−314.0	—
1997	9732.0	5067.2	7663.0	2832.8	−2069.0	−2234.4	1.52
1998	8474.0	7931.6	7153.0	3200.2	−1321.0	−4731.4	0.97
1999	9513.0	8921.8	6477.0	2243.7	−3036.0	−6678.1	2.16
2000	14334.0	7027.0	9633.0	1030.0	−4701.0	−5997.0	3.23
2001	13471.0	8609.0	11145.0	1079.0	−2326.0	−7530.0	1.72
2002	15769.0	9915.0	11017.0	1095.0	−4752.0	−8820.0	3.36
2003	20048.0	13003.0	12454.0	1162.0	−7594.0	−11841.0	4.49
2004	26593.0	17532.0	11646.0	785.0	−14946.7	−16747.3	7.72
2005	26952.0	17163.2	11448.0	2888.1	−15504.0	−14275.1	6.90
2006	31171.0	19453.0	10925.0	2626.2	−20246.0	−16826.8	8.46
2007	35062.0	21139.4	9995.0	2664.3	−25067.0	−18475.1	9.69
2008	36764.0	23015.5	9955.0	2945.7	−26809.0	−20069.8	9.20
2009	47313.0	25642.4	8440.0	3916.6	−38873.0	−21725.8	12.68

数据来源：《中国能源统计（1990—2010）》。

注："—"表示能源净出口大于零。

在总量上，1993 年开始出现暂时性自给不足，从 1997 年起，已经由自给有余到依赖进口，能源缺口逐年增大，到 2009 年，消费的能源中依靠进口比重占 13%，今后还有可能逐年增大。在进口的能源中，以石油为主。从 1996 年起，由石油出口国变为进口国，到 2006 年，进口的石油总量达到 19453 万吨，超过当年的石油产量，及至 2009

年，进口石油超过产量的35%，预计以后对进口石油的依存度还将提高。消费的主要能源——煤炭到2009年也出现了供不应求的状况，当年中国进口煤炭12584万吨，出口2240万吨，净缺口达10344万吨，约占能源消费总量的1/30。此外，从2007年起，天然气也出现自给不足。值得注意的是，从20世纪90年代起，中国的电力出口大于进口，由于在电力生产中以火电为主（以2009年为例，火电占全部电力产量的80%），电力净出口的增加无疑会对生态环境产生负外部性。另一个令人费解的事实是：中国一直是焦炭的净出口国。众所周知，焦炭是一种无技术含量、低附加值和高污染的耗煤产品，但就是这样一种产品，居然一直出口到日本等国，不惜破坏生态环境、片面追求经济增长目标的粗放型发展方式可见一斑。在碳排放和生态环境压力下，中国应主动调整能源发展战略，提高能源产品的附加值，进一步提高能源使用效率，减少对生态环境的污染。

在中长期，随着中国工业化的推进，人均能源消费增加所产生的能源刚性需求、自给不足以及化石能源枯竭期的临近、高成本非化石能源消费比重的上升，必将导致能源供求关系趋紧。如果非化石能源特别是太阳能的开发能够在技术上取得重大突破，在经济上大幅降低成本，可以在一定程度上阻滞价格的过快增高、降低环境风险，为经济发展提供充足动力。

总体而言，中国已经全面进入能源总量自给不足、能源生产和消费结构急需调整的关键时期。随着经济的较快发展，能源需求量逐步增大，对进口的依赖程度还会增强。转变经济发展方式，需要具体落实到控制能源消费总量、降低单位增加值能耗、减少环境污染上，唯有如此，加快转向"绿色低碳节能减排"理想发展路径的预期才会变成现实。

7.4 控制能源消费的政策建议

在全球碳排放增加导致气温升高的背景下，面对2020年实现全面小康目标和兑现政府节能减排的国际承诺的压力，控制能源消费强度、结构和总量直接联系着理想经济发展路径中"低碳节能减排"三个重要环节。我们认为，要全面控制能源消费强度、结构和总量，需要变压力为动力，逐步将经济发展方式转变到合理路径上。理顺能源消费的体制机制，在国家宏观政策的引导下，以技术创新为驱动，发挥市场机制在能源资源配置中的基础作用。通过政府、企业和个人的三方联动，全面有效控制能源消费强度、结构和总量目标，实现经济发展路径向"绿色低碳节能减排"转变。

7.4.1 依靠科技创新，提高能源使用效率

本文对能源强度下降的实证研究表明，科技创新对能源强度下降贡献最大，中国

能源消费"以煤为主"的格局短期内不会改变,因此,依靠科技创新,全面提高能源使用效率,重点攻克清洁煤技术,降低碳排放是转变发展方式的关键之一。

重点发展洁净煤技术和资源综合利用技术。需要根据中国能源品种、分布特征,以五大煤田和骨干企业为基础,推动大型企业集团的并购和重组,形成大型煤化工一体集约化企业集团。采取灵活的机制,充分借助外脑,加强产学研结合,培养领军人才,逐步形成有技术开发实力和自主创新能力的研发队伍和机构,从源头上重点攻克洁净煤技术和资源综合利用技术。大力发展洗煤、配煤技术,提高煤炭洗选加工程度,最大限度提高煤炭的利用效率。对已有的九大煤炭能源基地积极开展液化、气化等用煤的资源评价,稳步实施煤炭液化、气化工程。采用先进的燃煤和环保技术,提高煤炭利用效率,减少污染物排放。

对石油、燃气能源等化石能源,大力提高转化效率。在油气开采、冶炼、加工和使用环节减少损耗、提高转化利用效率,在电力、油气传输线网减少线路损耗,全过程、全方位、全员参与到提高能源特别是化石能源的使用效率中。

7.4.2 开发清洁能源,构建多元化能源消费体系

开发和引进燃气能源,改善消费结构。增加低碳能源消费比重,既是发达国家路径中所经历的一个过程,也符合碳排放规律的客观要求。中国天然气、煤层气等燃气资源储量丰富,据研究,全国埋藏2000米以内的煤层气资源量达15万亿立方米,相当于全国天然气基础储量的4倍。其中富甲烷的煤层气占全国总量的92.7%;埋深1500米以下、目前开采技术可采深度的煤层气达10万亿立方米,占全国总量的81%。除了保证在已有煤层气用于发电外,还应对煤层气进行深度开发,包括制氢和气变油等综合利用。此外,"十二五"期间需要加快"中缅油气长输管线""中哈天然气管道""中俄输气管道"向中国供气的强度。

加大海洋能源探查力度,开发油气能源。中国海域面积是大陆面积的两倍,待开发远景能源储量较大,从世界各国能源发展历程分析,各国对海洋资源主权的争夺将成为本世纪的一个焦点。中国应该早探查、早规划、早开发,在有争议的经济专属区加大探查、开发油气资源力度,降低能源对外依存度,确保能源安全。

继续放开能源市场,多头并举,区别对待,开发其他清洁能源。中国风能潜力巨大,开发前景看好,生物质能和太阳能有较大潜力。"十二五"期间在合理开发煤炭资源的同时,加大开发风能、生物质能和太阳能的力度,稳妥发展核能、水能,形成多元化开发利用能源格局,改善能源消费结构。

7.4.3 加强节能减排,促进经济向低碳化方向发展

严控高能耗、高排放行业扩张。抓住后金融危机时代产业升级机遇,落实国家工

业调整和振兴规划，重点加强工业节能减排工作。在"十二五"期间各产业调整和转移的区域转移过程中，淘汰一批高耗能企业，从源头地区、源头企业严控高耗能、高排放企业扩张，在重点行业和地区率先实现经济增长的低碳化。

大力培植节能型产业体系。着力调整产业结构，优化产业布局，鼓励企业集团做大做强，集约发展，培育壮大装备制造、能化工、材料工业、新兴战略产业及旅游文化等支柱产业；大力推进现代服务业和环保产业，加快工业信息化和高技术产业化进程，提高低能耗产业比重，形成节能型产业体系。

突出抓好节能重点领域和重点工程。改革采煤、采油技术，提高煤炭、石油生产回收率。按照能源有偿使用，合理整合现有资源，提高安全生产水平，加快采煤、采油改革的步伐，提高能源产出率和利用率。在冶金、建材、化工三大重点用能行业积极推广余热余压回收技术、循环利用技术，最大限度减少废弃物和污染排放。

加快推进节能技术进度。按照国家中长期节能规划，全面启动燃煤工业锅炉（窑炉）改造工程、区域热电联产工程体系建设等十大节能工程。充分调动企业推广节能技术积极性，加快建立以企业为主体的节能技术创新机制，推动"产学研"联合，形成先进适用节能技术成果产业化推广链。重点突破开发和推广能源节约过程中的技术瓶颈，加快节能科技成果转化，提高能源综合利用效率。

7.4.4 发展循环经济，提高资源产出效率

把握4个关键，形成系统循环。首先，从生产源头上通过提高资源能源的利用效率减少进入生产过程的物质量；其次，在生产过程中通过对副产品和废弃物的再利用减少废物排放；第三，在产品经过消费完成其使用价值变成废弃物后，经过处理变成再生资源回到生产的源头上；第四，推进能源—生态—经济系统的大循环，植树造林，改善生态环境，提高植被碳汇能力。使"资源—产品—废弃物—再生资源"循环利用模式深入骨髓，成为全社会的共识，从生活到生产、从小循环到大循环，形成社会—能源—生态—经济良性循环系统。

7.4.5 发挥政府职能，加速转变经济发展方式

加强引导，强化监督，形成良好氛围。国家尽快将能源消费总量和碳排放量分解到地区并执行有效监督，促进各地经济发展方式转变；在推进经济结构调整、有序推进城镇化、加快产业结构优化升级中实现发展；转变过多地关注经济增长而忽视社会进步和环境资源的行为，实现人口资源环境和经济社会发展统筹协调。转变经济发展方式涉及政府、企业和全体公民利益，需要全体公民的共同行动。政府要加强宣传引导，动员企业、公民广泛参与，使低碳经济、循环经济等观念深入人心，形成转变经济发展方式的浓厚氛围。

建立能源输出长效补偿机制，促进区域协调发展。地方政府要积极争取中央人民政府的长效补偿政策，促进能源输出型地区经济增长、结构优化、生态保护。通过收入政策、税收政策，努力缩小地区之间的差距、城乡之间的差距和居民收入水平的差距，并对现实状况进行跟踪分析，设计合理的机制，对不同地区、不同层次社会成员进行公平与否的评价、调整和矫正。通过转移支付、完善税收制度、建立健全社会保障制度，扶持弱势群体，实现公共财政均等化，构筑面对所有社会成员的生活保障低限。调节公众的心理平衡，为经济较快平稳发展奠定社会基础。

健全法制，规范市场主体行为。经济发展中的环境污染、资源过度开发和煤矿安全等方面的矛盾和问题存在极其不良的负外部效应，企业承担的成本没有反映社会的真实成本，对未来发展影响重大。地方政府应积极推进制定、完善有关环境、资源和安全等方面的法规，通过促成制定能源税和其他资源税，为全社会提供有效解决负外部效应的制度安排和补偿机制，把社会承担的成本内部化，促进全社会依靠科技创新推动企业发展和经济增长。

转变政府职能，创造良好环境。切实把政府的经济治理职能转移到为市场主体服务和创造良好的发展环境上来。一是政府应提供充分、高效的公共产品，吸引科技、人才等高等级要素为经济发展方式的转变提供良好的环境和要素基础；二是要推进行政管理体制改革，简政放权，增强服务职能，减少政府对微观经济行为的干预；三是加强对重要经济领域的监管，依法对市场主体及其行为进行监督和管理，完善各类市场监管制度，保证市场监管的公正性和有效性，打破地方保护、地区封锁和行业垄断，维护公平竞争的市场秩序，营造良好的发展环境。

通过上述举措，实现对能源消费强度、结构和总量的有效控制。最终将经济发展转变到合理路径上。

7.5 小结

本章针对中国各地区能源消费总量和结构问题长期被忽视，导致能源消费总量失控、消费结构未发生实质变化的现状，将"倒逼机制"和情景预测法相结合，提出在"十二五"期间控制能源消费总量的区域分解方法。在进行分解时，以国家能源强度控制目标为基准，设置不同的经济增长情景，计算能源控制总量和各地区的节能量，进一步将节能量作为对各地区能源消费总量控制的参照目标，希望完善有效的监督机制，以达成能源消费总量控制目标。同时分析能源消费结构变化、结构变化产生的生态环境效应和存在的缺口。最后，针对转变经济发展方式路径中的能源消费总量、结构和强度等问题，从依靠科技进步、开发清洁能源、加强节能减排、发展循环经济和发挥政府职能等方面提出政策建议。

我们认为,在控制能源消费强度、结构和总量过程中,各地区一方面应尊重发达国家在工业化不同阶段的能源消费和碳排放规律,依靠技术进步、增加人均绿地、降低能源强度、改善能源结构控制能源消费总量;另一方面也要从中国能源储备和消费的实际出发,发挥体制优势,主动转型,控制能源消费总量,改善能源消费结构,选择合适的发展路径,逐步走上"绿色低碳节能减排"的科学发展之路。

参 考 文 献

[1] 孙鹏,等. 中国能源消费的分解分析[J]. 资源科学,2005(9).
[2] 房维中. 能源消费总量指标应列入"十二五"规划[J]. 宏观经济管理,2010(10).
[3] 吴国华,等. 论我国能源消费总量控制[J]. 能源技术与管理,2011(5).
[4] 阮加,雅倩. 能源消费总量控制对地区"十二五"发展规划影响的约束分析[J]. 科学学与科学技术管理,2011(5).

第8章 结论和展望

通过对碳排放与气温变化的统计因果关系研究表明,碳排放是气温变化的直接原因之一,而每年排放的二氧化碳中95%是由工业化进程消费化石能源产生。工业化阶段碳排放(能源消费)有自身的潜在规律,已完成工业化国家的碳排放曲线基本呈"倒U型"。中国步入工业化中期不久,在总碳排放量和人均碳排放量上都需要维持一段时期的增长。对经济发展路径的理论分解表明,无论从理论上还是从各国经济发展实践中都可以发现,转变经济发展方式,控制能源消费强度、结构和总量都与发展路径的各个环节直接相关。降低能源强度是经济发展路径中的重要环节,对中国欠发达的贵州地区能源强度下降的因素分解显示:依靠技术进步、调整产业结构是化解该难题的有效手段。面对"十二五"期间各地区对经济发展的高企,需要我们发挥体制优势,采用科学的方法,在已经分解能源强度指标的基础上,将能源总量控制目标分解到地方,通过中央和地方的共同努力,最终将经济发展方式转变到"绿色低碳节能减排"的理想路径上。

8.1 研究结论

本文的研究结论可以归纳为5个方面:第一,碳排放是全球气温升高的直接原因之一;第二,经济发展过程中碳排放存在两条"倒U型"库兹涅茨曲线;第三,"绿色低碳节能减排"是经济发展的理想路径,但不同发展阶段有不同的选择;第四,在中国经济发展方式转变过程中,促进能源强度下降的主要因素是技术进步和3次产业结构调整;第五,控制能源消费是实现经济发展向理想路径转变的关键。

8.1.1 碳排放是全球气温升高的直接原因之一

采集161年全球碳排放量和气温数据,采用非面板数据因果检验方法,包括Granger因果检验、Hsiao检验确定滞后阶数、非线性因果检验方法,实证研究结果表明碳排放增加是气温升高的Granger原因之一。进一步在全球选择20个样本国家(碳排放量占全部排放量的70%以上)分析面板数据因果检验方法的适用性,收集101年的数据,利用面板数据因果关系检验方法得出了同样的结论。因此,可以较大的概率保证碳排放是全球气温升高的直接原因之一,"非因果论"或"阴谋论"不足为信。同时得出气温在29年左右呈现周期变动的结论,表明除了碳排放增加是气温变化的直接原因外,气候变化的确有其自身的周期变动。

8.1.2 经济发展中存在两条相交的碳排放"倒U型"库兹涅茨曲线

采用非参数回归的方法,重点估计已经完成工业化过程的英、美等5个发达国家的潜在碳排放规律。发现随着人均收入的增加,发达国家存在两条相交的偏态"倒U型"曲线,其中一条是碳强度,另一条是人均碳排放量。碳强度经历了一个由低到高、再由高到低的过程,英国用了200多年的时间完成工业化过程,碳强度才下降到工业化初期水平。人均碳排放从工业化中期开始一直会维持在较高水平上,直到进入后工业社会才开始下降,两条曲线在人均收入达到1万美元时相交。发展中国家收入水平较低,都还处在人均碳排放上升期。

碳排放(化石能源消费)具体表现出3个特征:第一,发达国家碳强度和人均碳排放曲线都呈"倒U型",其中碳强度峰值一般发生在人均收入在0.4万~0.5万美元的工业化中期开始阶段,而人均碳排放峰值发生在人均收入为1.3万~2.3万美元、后工业化社会来临的20世纪70年代,两者的峰值时间相距大约60年,基于学习效应,后发国家会缩短相距的时间;第二,碳强度"倒U型"曲线呈现左偏形状,表明碳强度在峰值之前上升较快、下降较慢,而人均碳排放曲线目前在发达国家仍维持在较高水平、处在缓慢下降阶段;第三,各国两条库兹涅茨曲线都在人均收入1万美元处相交,此后,人均碳排放超过碳强度,生活质量提升对化石能源的依赖性增强后再减弱。

中国碳强度处于下降阶段,人均碳排放处于上升过程,利用碳排放规律,预测中国人均碳排放峰值水平在2 tc/人左右,达到峰值水平的时间在2017—2028年,对应收入水平为1.3万~2.3万美元。

8.1.3 经济发展路径具有理论可分性和现实对应性

对包括中国在内的绝大多数发展中国家而言,碳排放权即化石能源消费权,能源消费权就是发展权,面对化石能源的有限性和大气中碳浓度增加形成的约束,根据碳排放规律,需要寻找合适的发展路径。在本文的研究中,以内生增长理论为基础,在3E系统演变的视角下,回顾、归纳完成工业化的英国在不同阶段的经济发展路径,从理论上以定量方式分解出不同的经济发展路径,按照可持续性的要求,分辨出其中的理想路径。为了验证理论路径的科学性和现实对应,分别选择8个发达国家和发展中国家作为样本,追溯这些国家1971—2009年的经济发展路径,各种理论路径在这些国家中都有对应，从而证实分类方法的科学性、合理性和实用性。发现在此期间，发达国家更多地在"低碳节能减排"的理想经济路径上发展，发展中国家受发展阶段的限制，现阶段的路径主要是"高碳节能增排"。实证研究结果对中国东中西部不同地区经济发展方式转变有重要的分类指导意义。

8.1.4 技术革新是欠发达地区能源强度下降的主要动因

根据工业化进程中的碳排放规律，中国各地区都已经进入能源强度下降阶段，在不同发展阶段的合理路径中，降低能源强度是提高收入的重要因子。我们从中国改革开放后的经济发展实际出发，选择技术革新、产业间转移、产业内转移和不同能源的替代为因素，利用指数变化分解中的完全因子分解法，以贵州为研究对象，分解出降低能源强度的各因素的影响。结果发现，技术进步对能源强度下降影响最大，其次是3次产业之间的转移，而产业内部转移则推高了能源强度，不同能源之间的替代关系作用不明显。经过回归分析发现，能源强度下降具有回弹效应。说明加强技术革新，加快产业间转移，不仅是降低能源强度的需要，也符合工业化进程中产业结构高度化的客观规律。

8.1.5 加强能源消费总量控制是实现发展方式转变的客观要求

近年来，粗放型发展方式导致中国能源消费总量处于失控状态，进入"十二五"规划期后，客观上需要将总量与强度、结构等同视之，成为宏观控制的目标，实现有效控制。面对地方和中央的博弈，在研究中设计出控制能源消费总量及其分配到各地区的方法，即情景预测和"倒逼机制"相结合。首先，按照国家的经济发展目标和能源强度下降目标，按照不同的经济发展情景，测算出能源理论消费量并分解到地方；其次，尊重地方发展经济的积极性，在强度下降和地方增长目标下，计算出各地区的能源需求量，采用"倒逼机制"，将大于控制的部分作为节能任务配置到各地区，为最终实现能源消费总量控制提供决策和监督依据。

8.2 研究展望

本研究历时5年之久，凝聚了大量的心血和智慧，但对能源计量经济问题的研究还将继续。回首所做的工作，存在诸多未尽如人意之处，尤其是在方法论上还有不少需要在今后进一步深入探讨的问题，主要包括：

第一，面板数据变量的因果关系检验方法。在所作的实证研究中所采用的面板数据因果检验法已经较为完善，对所研究的问题已经给出了较为满意的结果。事实上，在文中未应用的其他方法中还有若干值得探讨的问题，如Hurlin所划分的4种情形并不完备，其一，在给出的假设中只是设定了无因果的条件，并未说明是同质或异质，因此还需要补充合适的条件，以达到检验是否同质的目的；其二，假设条件对异质性 Granger 因果关系的划分理论上存在同属于同质和异质的情形，如在研究某个含有 $N(>2)$ 个个体的面板数据变量时，只有两个个体的变量之间存在 Granger 因果关系，也满足异质性条件，判断结论为总体有异质 Granger 因果关系，但同时也满足假设至少有 1 个无 Granger 因果关系又是异质的情形，该总体是异质无 Granger 因果关系的，两个判断结果出现矛盾，应该做出限制，将其划分开；其三，如果一个面板总体的全部个体的对应变量之间都不存在因果 Granger 关系，但又是异质的，即至少存在两个个体的变量系数不相等，则只能套用假设，此时可能会出现误判。对此，需要进一步区分异质性的类型，即区分是数据生成过程的异质性还是模型本身的异质性问题。此外，由于固定 Granger 因果检验中采用工具变量估计在 T 较小或内生变量的工具变量不易确定时不便实施，Furkan Emirmahmutoglu 等（2011）基于 Fish（1932）提出的元分析（Meta analysis），采用差分面板因果检验。导出 N 个分离的时间序列并获得相应统计量的显著性水平，得到一种异质性混合面板的一种 Granger 因果关系检验方法。但元分析方法固有的存在偏差、不可比较等问题应该如何改进，都是今后研究中可以深入的。

第二，在对经济发展路径分类时，我们抓住了刻画经济发展中的核心变量——人均收入进行结构分解，该分解有直观、易于理解、方式灵活以及能够表达目前转变经济发展方式特征等优点，但其他反映经济发展方式的变量能否进入分解模型，是可以进一步探讨的问题。在本文的研究中，如将资本作为内化到其他要素的变量做出处理，也具有可解释性，假设数据可得，可以作为变量纳入到模型中。此外，还可以尝试构建联立方程模型，将结构问题和因果关系都包含其中，这些问题需要今后作进一步探讨。

第三，根据各地区情况所提出的"十二五"期间经济增长目标和国家"十二五"节能减排硬约束指标，设置不同情景，采用"倒逼机制"测算各地区的节能量，能够形成对地区能源消费总量的约束，体现了举国体制的优势。但是在对节能量分解时，没有考虑各地区的发展阶段、产业结构和区域功能定位，只是按比例划分，显得略微简单。在市场经济条件下，如何将宏观调控与市场机制作用相结合，按照相对公平的原则，设计合理的机制，通过价格、税收等手段对处于弱势的能源输出欠发达地区进行合理的补偿等，都是值得继续深入研究的问题。

索　引

A

肮脏四国　4、10

B

博弈　3、4、102、105、124

C

产权制度保障　114
产业结构调整　2、40、48、60、65、82、83、94~96、98、99、122
长效补偿机制　120
城镇化　48、119

D

DEA-MALMQUIST 生产率指数法　89
DIVISIA 指数　88、89
大气层碳浓度　62
单位 GDP 节能量　110、111
单位能耗碳排放　70、82
倒 U 型　36~40、44、47、48、52、122、123
低碳经济时代　60
低碳社会　41、62、65
地热能源　115
东部发达地区　106
动态博弈主体　105
对数平均数　88
多元化能源消费　60、118

E

EPANECHNIKOW 函数　39
二次多项式　39

F

发展路径理论划分　69
非参数估计　37、47
非对称结构　38
非对称双峰结构　39
非化石能源消费比重　5、43、112~114、117
费雪指数分解模型　89
分离的时间序列　19、125
负外部性　13、115、117
负增长　70、80、81

G

GRANGER 因果检验　2、14~20、22、24、122、125
高碳耗能减排　75、81
高碳节能增排　75、80~82、112、124
工具变量　18、125
工业化　1、2、3、5~10、12、26~28、36~38、40~50、52~54、56~65、76、82、83、91、92、98、103、110、112、117、121~124
工业化阶段　40、57、62、112、122
工业社会初期　76
公地的悲哀　52
共同富裕　106
拐点　37、69
规模效应　38、89
贵州省能源强度变化分解　93

H

HSIAO 检验　14、24、122
核函数　39

核污染　115
后工业社会　40、60、65、70、82、123
化石燃料　12、37
环境经济动态模型　54
环境影响方程　37

J

技术进步　37、38、40、53、60、62、89~91、95~97、121、122、124
价格"双轨制"　103
监督成本　102
简单平均微分法　89
焦炭　101、117
节能减排　5、6、9、31、43、48、62、63、65、70、75、80~83、87、92、95、97~99、104、109、112、117~122、124、125
节能减排方案　6、9、104
节能型产业体系　119
洁净煤技术　118
金融危机　48、69、96、118
京都议定书　3、40、42、44、63、69、103
经典对偶性特征　88
经济发展　1~10、12、26、27、30、31、36~38、40、42~44、50、52~65、69、70、75、76、80~83、87、92、98、99、102~106、110、112、117、119、120、122~125
经济发展轨迹　57、69
经济发展路径的结构分解　7、62
经济发展路径分类　8、63、125
经济增长目标　4、5、102~107、117、125
经济增长情景　7、102、105、106、120

K

科技创新能力　87、98
可持续发展潜力　102
可再生能源　38、65、92
库兹涅茨曲线　36、37、40、43、44、48、52、122、123

L

LASPEYRES 指数法　88~89

LMDI　88~90、93
理想对数指数　88
连续弧　88
联立方程模型　125
路径检验　69、70、75、76
路径转变　3、41、98、102、122
绿色低碳节能减排　65、82、112、117、121、122
绿色高碳节能减排　112
绿色气候基金　3

M

煤层气　118
煤炭能源红利　60
煤炭资源储量　92
面板数据因果检验　7、122~124

N

内生增长理论　2、53、123
能源、生态和经济（3E）系统　52
能源禀赋条件　102
能源对外依存度　40、102、118
能源刚性需求　117
能源-环境-经济　6
能源基地　6、87、91、92、98、104、107、118
能源枯竭　60、63、117
能源强度的回弹效应　90
能源生态经济系统　55
能源消费　1~13、30、31、36、38~40、42~45、47、48、50、52、53、56~60、62~65、67、69、70、76、82、83、87、89~93、95、96、98、99、102~125
能源消费缺口　102
能源消费总量控制　6、8、99、102~105、107、109、120、124
拟合效果　39、40
拟合优度　39、40
逆指标　64
扭曲经济发展路径　83

P

配置效率　103

Q

气候变化　1、3～5、10、12、13、19、26、30、31、40、42、44、45、123
气候变化大会　1、3、4、10、42、44
潜在规律　8、36、38、39、41、50、122
强因子逆检验　88
轻碳能源　60、82
清洁能源　56、62、91、92、107、118、120
情景模拟　105
情景预测　3、8、102、120、124
区域错位　106
区域功能定位　104、125
全球气温升高　26、122、123
全要素生产率　89、91

R

燃气能源　118
人均碳排放峰值　7、36、42～45、47～50、65、123
人均碳排放量　20、37、40、44、45、47、48、50、59、60、70、76、122、123
人均碳排放曲线　39、43、44、47、50、123

S

森林覆盖率　54、60、61
社会稳定　83
生态环境代价　114
生物质能源　55、115
石油危机　38、40、42、44、53、69
时间离散性　88
世界经济一体化　69
市场价格机制　103
数据生成过程　19、30、125

T

太阳能　55、56、65、115、117、118
碳承载量　62、64
碳汇交易　103
碳汇能力　56、61、62、64、65、119
碳排放　1～14、17、19～31、34～45、47～50、52、53、56、57、59～65、70、76、82、83、91、92、102～104、112、114、115、117～119、121～124
碳排放承诺　102
碳强度　4、5、8、9、36～50、59、60、65、123
碳强度峰值　41、42、44～46、59、123
体制变革　53
天然气　60、67、68、92、101、113～115、117、118
同质性经济指数　88
统计量　15～19、22、25、28、29、125
统计因果关系　1、2、7～10、14～16、19、20、22、24、31、122
统计指数　88

W

污染物浓度　115

X

西部大开发战略　92
西电东送　92、94
西欧12国　58
系统性风险　69
效率份额　89
新常态　5
新熊彼德模型　53
学习效应　48、123
循环经济　119、120

Y

衍生国　59
一致可加性　88
以人为本　53
异质性　18、19、28、125
因果论　1、2、4、7、10、12、30、31、123
因素分解　87～89、91、94、99、122

阴谋论　1、2、4、7、10、12、31、123
硬约束指标　87、103、125
有增长无发展　53
预警系统　65
元分析　16、19、125

Z

灾难论　1、2、4、7、10、12、13、31
正指标　64
支柱产业　82、95、107、110、119
植被结构　64

指数分解模型　7、87、89
重化工业　45、82、110
转变经济发展方式　1~4、6、9、52、63、69、82、83、87、92、98、99、103、110、117、119、120、122、125
资源节约型发展路径　54
资源消耗型发展路径　54
资源要素驱动　92
自然生态环境　55、114
总量控制分配方法　103
最优平衡增长路径　2

中国科协三峡科技出版资助计划
2012 年第一期资助著作名单

1. 包皮环切与艾滋病预防
2. 东北区域服务业内部结构优化研究
3. 肺孢子菌肺炎诊断与治疗
4. 分数阶微分方程边值问题理论及应用
5. 广东省气象干旱图集
6. 混沌蚁群算法及应用
7. 混凝土侵彻力学
8. 金佛山野生药用植物资源
9. 科普产业发展研究
10. 老年人心理健康研究报告
11. 农民工医疗保障水平及精算评价
12. 强震应急与次生灾害防范
13. "软件人"构件与系统演化计算
14. 西北区域气候变化评估报告
15. 显微神经血管吻合技术训练
16. 语言动力系统与二型模糊逻辑
17. 自然灾害与发展风险

中国科协三峡科技出版资助计划
2012 年第二期资助著作名单

1. BitTorrent 类型对等网络的位置知晓性
2. 城市生态用地核算与管理
3. 创新过程绩效测度——模型构建、实证研究与政策选择
4. 商业银行核心竞争力影响因素与提升机制研究
5. 品牌丑闻溢出效应研究——机理分析与策略选择
6. 护航科技创新——高等学校科研经费使用与管理务实
7. 资源开发视角下新疆民生科技需求与发展
8. 唤醒土地——宁夏生态、人口、经济纵论
9. 三峡水轮机转轮材料与焊接
10. 大型梯级水电站运行调度的优化算法
11. 节能砌块隐形密框结构
12. 水坝工程发展的若干问题思辨
13. 新型纤维素系止血材料
14. 商周数算四题
15. 城市气候研究在中德城市规划中的整合途径比较
16. 心脏标志物实验室检测应用指南
17. 现代灾害急救
18. 长江流域的枝角类

中国科协三峡科技出版资助计划
2013 年第三期资助著作名单

1. 蛋白质技术在病毒学研究中的应用
2. 当代中医糖尿病学
3. 滴灌——随水施肥技术理论与实践
4. 地质遗产保护与利用的理论及实证
5. 分布式大科学项目的组织与管理：人类基因组计划
6. 港口混凝土结构性能退化及耐久性设计
7. 国立北平研究院史稿
8. 海岛开发成陆工程技术
9. 环境资源交易理论与实践研究——以浙江为例
10. 荒漠植物蒙古扁桃生理生态学
11. 基础研究与国家目标——以北京正负电子对撞机为例的分析
12. 激光火工品技术
13. 抗辐射设计与辐射效应
14. 科普产业概论
15. 科学与人文
16. 空气净化原理、设计与应用
17. 煤炭物流——基于供应链管理的大型煤炭企业分销物流模式及其风险预警研究
18. 农产品微波组合干燥技术
19. 配电网规划
20. 腔静脉外科学
21. 清洁能源技术政策与管理研究——以碳捕集与封存为例
22. 三峡水库生态渔业
23. 深冷混合工质节流制冷原理及应用
24. 生物数学思想研究
25. 实用人体表面解剖学
26. 水力发电的综合价值及其评价
27. 唐代工部尚书研究
28. 糖尿病基础研究与临床诊治
29. 物理治疗技术创新与研发
30. 西双版纳傣族传统灌溉制度的现代变迁
31. 新疆经济跨越式发展研究
32. 沿海与内陆就地城市化典型地区的比较
33. 疑难杂病医案
34. 制造改变设计——3D 打印直接制造技术
35. 自然灾害会影响经济增长吗——基于国内外自然灾害数据的实证研究
36. 综合客运枢纽功能空间组合设计——理论与实践
37. TRIZ——推动创新的技术（译著）
38. 从流代数到量子色动力学：结构实在论的一个案例研究（译著）
39. 风暴守望者——天气预报风云史（译著）
40. 观测天体物理学（译著）
41. 可操作的地震预报（译著）
42. 绿色经济学（译著）
43. 谁在操纵碳市场（译著）
44. 医疗器械使用与安全（译著）
45. 宇宙天梯 14 步（译著）
46. 致命的引力——宇宙中的黑洞（译著）

中国科协三峡科技出版资助计划
2014 年第四期资助著作名单

1. 科学的学派（译著）
2. 河流健康的法制化管理
3. 水资源系统决策分析方法及应用
4. 中国特色现代农业建设路径研究
5. 碳排放规律与经济发展路径研究
6. 武夷岩茶（大红袍）研究
7. 生态型地面停车场绿化
8. 英汉天文学名词
9. SAR 与光学影像融合的变化信息提取
10. 云设计——工业设计新模式
11. 光学分子影像外科学
12. 定向木塑复合刨花板热压成型机理

发行部
地址：北京市海淀区中关村南大街 16 号
邮编：100081
电话：010 - 62103130

办公室
电话：010 - 62103166
邮箱：kxsxcb@ cast. org. cn
网址：http：//www. cspbooks. com. cn